同济建筑教育年鉴 2014—2015

DEPARTMENT OF ARCHITECTURE, CAUP, TONGJI UNIVERSITY

同济大学建筑与城市规划学院建筑系 编著

同 济 大 学 出 版 社

编委会

EDITORIAL COMMITTEE

目录
Contents

PREFACE

序

两次变化：从过去到将来

进入新世纪，中国建筑学教育的外部环境发生了两次大的变化。这两次变化已经对我们的建筑学教育发展产生非常重要的影响，并且还将产生新的影响。

第一次变化

第一次变化是在21世纪最开始的十几年里。中国城市化进程发展速度如此之快，规模如此之大，让人们始料未及。建筑设计的教学，在这样的背景下顺势发展，其“热”无比，一发而不可收，设计实践的需求一再放大。在2004年，同济大学建筑与城市规划学院提出了“生态城市、绿色建筑、数字设计和遗产保护”四大新的研究方向。建筑系立足当下，适时眺望，大胆创新，在各方面形成了新的发展。

首创“历史建筑保护工程”专业

从2004年起，在全国率先建立“历史建筑保护工程”专业，每年招一个班，每班约28人，迄今已经十二年了。今天回望，当时的决定既需要勇气，又需要智慧，还需要远见。

国际合作全面发展

全院硕士双学位项目达到16个，建筑系每年派出双学位硕士研究生约50名，接受国外双学位学生达到近30名，全英语课程达到30多门，每年国际讲座达到60个以上，国际联合设计达20个左右。

全院本科专业基础教学平台形成

创立了“设计基础课程—实验室—实习基地”的体系；在信息化时代不断加强对材料和工艺的认知；“建造节”已经成为国际、国内近悦远来的学生自己的节日。

建立“复合人才培养实验班”

五年来，在全院层面上建立了从二年级（下）到四年级（上）的实验班，包含建筑系、城市规划系和景观学系；建筑系既是组织教学的主体，又是派出学生最多的系。

形成“四位一体”的高年级建筑设计课程

对高年级设计课程的类型设计、自选题设计、设计院实习和毕业设计进行了系统化调整，学生的选择空间增加，题目内容丰富，师生比进一步提高。

实施“卓越人才培养计划”

部分学生实行了“4+2”试点，把本科和硕士的培养过程作为一个整体来看待。

对建筑学专业学位硕士生的设计课程进行了整合

课程由导师负责的设计和院系统一安排的设计以及设计院实习构成，形成一个整体，为职业建筑师的培养目标服务。

现在我们看到的这本年鉴，是新世纪以来建筑系逐步改革、逐步发展，也是教学面貌和成果的反映。在此要特别感谢历任学院院长的王伯伟教授、吴志强教授和吴长福教授；感谢历任建筑系主任的莫天伟教授、常青教授、蔡永洁教授；感谢在学院和系负责教学和有关工作的黄一如教授、石永良教授、张建龙教授、章明教授、王一教授；感谢各位责任教授和全体教师。他们热忱努力，不辍耕耘，勇于创新，作出了富有同济特色的可贵的贡献。

第二次变化

中国近几年发生的变化看似突然，其实必然。在全球化和信息化的进程中，中国的城市化的进程如人们所预言的那样终于放缓了，而且是很快地放缓。建筑设计

的工作，明显地从“突击队”变成了“新常态”。建筑学专业、建筑师职业，大概会从“火热”变化为“温热”。我们面临的大环境，不知不觉中跟欧美的昨天有不少地方颇为相似了。在这样的变化中，我们的建筑学教学，至少会有三个新的变化趋势：

学生的来源和出口会更加多元

学生投身到建筑系学习的动机一方面会更加理性，比如愿意承担更多的社会责任；一方面会更加感性，比如仅仅因为喜欢。而建筑学本科毕业以后将来的工作，可能不限于建筑师；比如相关设计师、艺术家、理论家、政府官员、企业管理、自主创业者等等。

建筑学知识点获取越来越容易，面对面交流更加珍贵

在信息化条件下，建筑学的中英文网络信息发展迅速，学生在个人用户端应用方面游刃有余。教授“传授知识”的作用在下降，主持学生讨论、当面评论与交流的作用更加重要。学校成为信息化大环境中更加难能可贵的线下专业交流平台。

学科交叉更加宏大，专业化分工更加精细

作为一个传统学科，建筑学抑或建筑设计要出创新成果非常不易。学科交叉成为建筑学创新的出路。生态、环境、机械、材料、力学等都会与建筑学嫁接；而建筑设计市场和管理会越来越标准化，促使各种不同类型的建筑涉及的建筑规范越来越多，“规矩”也越来越多。要让学生在本科、硕士阶段面面俱到，几无可能。

对策与思考

面对这样的变化，大家都在研究相关对策，参考国际一流大学的各种做法，结合中国的具体情况，因地制宜，期待未来几年里主动应对，顺势变革。在此，我们有以下几点初步的思考：

本、硕、博培养目标定位

探索本科“通才式”、硕士生“英才式”、博士生“专才式”培养的可能性。为多元的本科生教学提供更多发掘潜力的可能性，为不同学生的成长提供“有教无类”的教学资源，不要过早定型，拔苗助长。硕士生以培养优秀职业建筑师为目标，加强创新性、研究性的锻炼，必须有思想认识的高度。博士生以培养专家为目标，要求深入研究，形成创新成果。

课程设置三增一减

本科生似应明显减少课时，不必每个设计类型都做到；高年级设计课教学增加选课比重，让学生从吃“套餐”变为吃“自助餐”，激励不同的老师为不同的学生需求提供服务。硕士生增加设计课程的研究性和创新性，不能太过实际，要来源于工程，高于工程。博士生增加前沿性研讨课程，真正为创新研究搭建小而精的平台。

教学与研究更好地结合

希望教师教的是自己的看家本领；学生学的是正在研究的新东西。

深化国际化内容

在现有的基础上，把本科、硕士国际双学位班的成果拓展为建立本硕博全程英语教学系统；国际师资规模扩大，形成更大的影响。

“逝者如斯夫，不舍昼夜。”当年包豪斯激荡人心的先锋实验，对今天建筑学的经验和准则产生过巨大的影响，令人感叹。院系如同河床，学生如同河水。可是明天的河水不同于今天的河水，今天的河床也会渐变成明天的河床。衷心希望我们能够及时把握变化的趋势，继承传统，积极变革。我们今天所做的每一点创新尝试，是为建筑学教育形成新的特色、新的发展做好准备。

2015 年 10 月 5 日上海初稿

2015 年 11 月 27 日改定于德国德骚包豪斯

OVERVIEW

概述

Vision and Mission

办学理念

讨论办学理念，脱离不开办学的历史与现实背景。

忆传统，同济建筑 63 年前创立时，主要受当时欧洲现代主义思想的影响，形成了以冯纪忠先生为代表的同济建筑思想。它秉承欧洲现代建筑的理性精神，把科学与技术作为学科的基础，空间成为教学的理念与训练线索，独树一帜；这个传统一直延续到今天。当时的重要师资来自四面八方，号称“八国联军”，多元的思想造就了同济建筑独特的学术民主文化，与上海这座有着特殊历史背景的城市特征相呼应，形成海纳百川、博采众长的学术胸襟。这个传统也一直延续至今。

同济的建筑思想是理性的；同济的建筑文化是民主的；同济人也因这样的传统而自豪。

观现实，中国的新建筑发展总体上没有经历过现代主义的洗礼，即使在今天快速的城市化进程中，建设者也并没有像第二次世界大战后的欧洲那样首先选择现代主义的思想与技术方法来应对迫切的建设需求，但同时又主动放弃了自己的营造传统，在无法应对的大量信息以及不同思想面前，显得异常地被动。中国的建筑先天不足，现在又营养过剩。这个现象给建筑教育者提出了一个严峻的问题，在势不可挡的全球化背景下，在满眼都是西方价值观及其实践的建筑领域，中国的建筑教育向何处去？

同济的建筑教育始终是被放在这样的视野下进行的——要解决实际问题。同济的建筑教育始终是将教学、研究与实践相结合的，以这样的方式探索着中国的建筑之路，在近年完成的一系列重要的工程实践中反映出同济人的独立思考。不跟风，坚持自己的判断，这已成为同济教学与实践的风格。与此同时，国际化的大趋势逼迫着中国人反思。同济人继承了多元思想的传统，将国际合作看作是走出去、走得更 3 宽、走得更高的积极策略，从大规模的国际合作办学中，同济的建筑教育得到了思想和方法上的拓展。

今天的同济建筑依然是多元的，是探索的，是进取的；同济人也会继续坚持这样的风格。

望未来，中国人是否已找到了自己的发展道路？普利兹克奖是否意味着对上述问题的肯定回答？问题显然不是这样简单，特别是对一个充满责任心的建筑学校而言，建筑教育必须承担起应有的社会责任，必须面对现实，更应该面对未来。今天同济人思考的问题是：在博采众长之后，未来的同济建筑应该是什么样的？

同济人不满足于光荣的传统，更不会满足于探索中的现实，同济人在努力找寻适合自身、适合中国、适合未来的建筑教育之路。面对中国社会经济发展的转型现实，建筑教育也必须转型。

同济建筑早在十年前就将可持续发展理念作为导向，确定了生态城市、绿色建筑、数字技术、遗产保护四大重点发展领域，并取得了引人注目的成绩；其中，许多工作是零的突破；未来的工作将继续围绕上述领域展开。同时，关于建筑教育自身规律的探索也成为现阶段教学改革的重要内容。关于培养目标的讨论，关于人才培养评价标准的讨论，成为面对转型的重点话题。建筑市场的变化以及未来建筑师职业精细化的需求对建筑教育提

出新的要求。引用密斯的话，“培养目标决定了培养质量”，今天的建筑教育不可能再是单一地指向大型设计院，年轻的一代建筑师将主动和被动地扮演更多元的角色。对一个充满进取精神的建筑学校而言，教育的质量将不再可能只是与毕业生的就业率相关联，高质量的教育评价标准将指向毕业生 10 年后在各行各业对社会的贡献。 为了面对转型，我们必须改变过去的许多观念和方法。建筑学当然是以建筑师培养为核心的教育，但培养中必须增加更为多元的教学元素以应对未来的不确定性，也为毕业生的多元发展打下坚实的基础。我们正在尝试培养理念的转型，试图实现三个转变：从知识点传授到方法训练的转变；从高强度辅导到留给学生独立思考的时间与空间的转变；从只满足于肯干到批判性思维与创新的转变。这当然不是一件容易的事，但如果我们坚信，终身学习的意识和能力训练远远大于知识点的传授，我们就有勇气将建筑教育向新的高度和深度拓展，而不再拘泥于在课堂上让学生们什么都学到。

同济的建筑教育将继续独立的思考与批判，将继续拓展高度与深度之间的跨度，使培养走向多元。

Discipline and Program

专业与学科设置

同济大学建筑系在建筑学一级学科之下共设有六个学科方向：

建筑设计及其理论方向

主要研究建筑设计的基本原理和理论、客观规律和创造性构思，建筑设计的技能、手法和表达。

建筑历史、理论与评论方向

主要研究中外建筑演变的历史、理论和发展动向，中国传统建筑的地域特征及其与建筑本土化的关系，以及影响建筑学的外缘学科思想、理论和方法等的交叉运用。

建筑技术科学方向

主要研究与建筑的建造和运行相关的建筑技术、建筑物理环境、建筑节能及绿色建筑、建筑设备系统、智能建筑等综合性技术以及建筑构造等。

城市设计及其理论方向

主要研究城市形态的发展规律和特点，通过公共空间和建筑群体的安排使城市各组成部分在使用和形式上相互协调，展现城市公共环境的品质、特色和价值，从而激发城市活力、满足文化传承和经济发展等方面的社会需求。

室内设计及其理论方向

主要根据建筑物的使用性质、所处环境和相应标准，运用物质技术手段和建筑美学原理，创造生态环保、高效舒适、优美独特、满足人们物质和精神生活需要的内部环境。

建筑遗产保护及其理论方向

主要研究反映人类文明成就、技术进步和历史发展的重要建筑遗产的保存、修复和再生利用等，涉及艺术史、科技史、考古学、哲学、美学等一般人文科学理论，也涉及建筑历史、建筑技术、建筑材料科学、环境学等学科理论和知识。

围绕建筑学一级学科和六个学科方向，建筑系在本科、硕士和博士阶段分别设有不同的专业学位与专门化方向。不同阶段的专业设置和培养目标如下：

本科阶段设有四年制历史建筑保护工程专业、四年制建筑学专业（工学学位）、五年制建筑学专业（建筑学职业学位）；在五年制建筑学专业中另有室内设计专门化方向。

历史建筑保护工程专业的培养目标是：既具备建筑学专业的基本知识和技能，又掌握历史建筑与历史环境保护与再利用的理论、方法和技术，并富于创新精神的国际化高级专门人才。建筑学专业的培养目标是适应国家建设和社会发展需要，德、智、体全面发展，基础扎实、知识面广、综合素质高，具备建筑师职业素养，富于创新精神的国际化高级专门人才。

建筑系在研究生阶段设有建筑学专业硕士学位和工学博士学位。在建筑学学科下设有六个专门化方向，分别为建筑设计及其理论方向，建筑历史、理论与评论方向，建筑技术科学方向，城市设计及其理论方向，室内设计及其理论方向和建筑遗产保护及其理论方向。

建筑学专业硕士的培养目标是掌握本学科、专业领域坚实的基础理论和系统的专业知识，具有良好的理论与职业素养以及较强的解决实际问题的能力，并要求学生具有一定的跨学科知识；能够承担专业技术或管理工作，能独立进行科研工作，成为具有良好学术素养和国际视野的高层次专门人才。

博士培养目标是：具有深厚的理论素养，开阔的国际视野和出众的综合能力，能够独立进行创造性研究与实践的建筑学高端人才，以及引领未来的专业精英及新领域的开拓者。

Faculty

师资与梯队构成

建筑系师资大都来自国内外著名建筑院系，现有在编教师 133 名，其中教授、副教授 91 名，具博士学位的教师 92 名，国家级高校教学名师 1 名，上海市高校教学名师 2 名。拥有中国工程院院士 1 名，中国科学院院士 2 名，法国建筑科学院院士 2 名，美国建筑师学会荣誉院士（Hon. FAIA）3 名。

表 1. 设计基础教学团队

<table>
<tr><th>总负责人
（责任教授）</th><th>团队</th><th>团队负责人
（责任教授）</th><th>学科方向</th><th>学科方向负责人
主讲（副）教授</th><th>成员</th></tr>
<tr><td rowspan="6">张建龙</td><td rowspan="2">设计基础一
（一年级）
（CF1）</td><td rowspan="2">孙彤宇</td><td>建筑与环境认知</td><td>赵巍岩（主讲副教授）</td><td rowspan="4">曹庆三（特聘教授）
俞泳（副教授）
戚广平（副教授）
岑伟（副教授）
李立（副教授）
徐甘（副教授）
周芃（讲师）
关平（讲师）
张雪伟（讲师）
王珂（讲师）
李彦伯（副教授）
田唯佳（助理教授）</td></tr>
<tr><td>造型基础</td><td>王志军（主讲副教授）</td></tr>
<tr><td rowspan="2">设计基础二
（二年级）
（CF2）</td><td rowspan="2">章明</td><td>材料与建造</td><td>李兴无（主讲副教授）</td></tr>
<tr><td>生成设计</td><td>胡滨（主讲教授）</td></tr>
<tr><td rowspan="2">美术（CF3）</td><td rowspan="2">胡炜（副教授）</td><td>绘画艺术</td><td></td><td rowspan="2">吴刚（副教授）
刘秀兰（教授）
邬春生（副教授）
刘宏（副教授）
刘庆安（副教授）
叶影（副教授）
何伟（副教授）
周信华（副教授）
王昌建（副教授）
吴葵（讲师）
刘辉（讲师）
徐油画（讲师）
吴茜（讲师）
于幸泽（助理教授）</td></tr>
<tr><td>公共环境艺术</td><td>阴佳（主讲教授）</td></tr>
</table>

表 2. 建筑系学科组（团队）设置

二级学科	学科组	学科组负责人（责任教授）	学科方向	学科方向负责人主讲（副）教授	成员
建筑历史与理论及历史建筑保护	中国传统建筑（A1）	常青	中国建筑史	李浈（主讲教授）	钱宗灏（教授） 张鹏（副教授） 朱宇晖（讲师） 王红军（讲师） 邵陆（讲师） 李颖春（助理教授）
			风土建筑		
	外国建筑历史与理论（A2）	卢永毅	外国建筑历史	李翔宁（主讲教授）	梅青（教授） 钱锋（女）（副教授） 周鸣浩（讲师）
			西方建筑理论	王骏阳（主讲教授）	
	建筑遗产保护与再生（A3）	伍江	历史街区和历史城镇保护与复兴	鲁晨海（主讲副教授）	朱晓明（教授） 陆地（副教授） 刘刚（讲师）
			建筑保护与修复技术	戴仕炳（主讲教授）	
建筑设计及其理论	公共建筑设计（A4）	吴长福	公共建筑	谢振宇（主讲副教授）	李麟学（教授） 徐风（副教授） 王桢栋（副教授） 陈宏（讲师） 周友超（讲师） 汪浩（讲师）
			高层建筑	佘寅（主讲副教授）	
	住宅与住区发展（A5）	黄一如 < 李振宇 >	住宅与住区发展	周静敏（主讲教授）	戴颂华（副教授） 周晓红（副教授） 姚栋（副教授） 罗兰（讲师） 贺永（讲师） 司马蕾（助理教授） Harry（讲师）
	建筑设计方法（A6）	李斌	环境行为学	徐磊青（主讲教授）	沐小虎（副教授） 孙澄宇（副教授） 陈强（讲师） 龚华（讲师） 李华（讲师） 董屹（副教授） 郭安筑（讲师）
			建筑设计方法	董春方（主讲副教授）	
			数字化设计技术	石永良（主讲副教授）	
			数字化设计方法	袁烽（主讲副教授）	
	集群建筑（A7）	王伯伟	集群建筑	王方戟（主讲教授）	刘敏（副教授） 涂慧君（副教授） 江浩（讲师）
	大跨建筑（A8）	钱锋	大跨建筑	魏崴（主讲副教授）	汤朔宁（教授） 徐洪涛（讲师） 刘宏伟（讲师）
建筑技术科学	建造技术（A9）	颜宏亮	建筑构造	孟刚（主讲副教授）	曲翠松（副教授） 陈镌（副教授） 周健（讲师） 胡向磊（副教授） 金倩（助理教授）
			建筑安全		
	环境控制技术（A10）	宋德萱	绿色建筑与节能		叶海（副教授） 林怡（副教授） 杨峰（副教授） 赵群（讲师） 崔哲（助理教授）
			建筑光环境	郝洛西（主讲教授）	

续表 2

<table>
<tr><td rowspan="2">城市设计
及其理论</td><td rowspan="2">城市设计
（A11）</td><td rowspan="2">庄宇
< 蔡永洁 ></td><td>城市开发与更新</td><td>张凡（主讲副教授）</td><td rowspan="2">陈泳（教授）
孙光临（副教授）
杨春侠（副教授）
戴松茁（讲师）
张力（讲师）
许凯（讲师）
黄林琳（讲师）</td></tr>
<tr><td>城市形态</td><td>王一（主讲副教授）</td></tr>
<tr><td>室内设计
及其理论</td><td>室内设计
（A12）</td><td>陈易</td><td>室内设计</td><td>左琰（主讲教授）</td><td>阮忠（副教授）
冯宏（讲师）
尤逸南（讲师）
黄平（讲师）
颜隽（讲师）</td></tr>
<tr><td></td><td></td><td>张永和</td><td></td><td></td><td>谭峥（助理教授）</td></tr>
</table>

注：“<>”内为联合责任教授岗

表 3. 院士团队

<table>
<tr><th>团队</th><th>团队负责人
（责任教授）</th><th>学科方向</th><th>学科方向负责人
主讲（副）教授</th><th>成员</th></tr>
<tr><td rowspan="4">建筑与城市空间研究所
（CZ）</td><td rowspan="4">郑时龄</td><td>建筑理论</td><td>沙永杰（主讲教授）</td><td rowspan="4">华霞虹（副教授）
王凯（副教授）
刘刊（助理教授）</td></tr>
<tr><td>建筑评论</td><td>* 章明（主讲教授）</td></tr>
<tr><td>生态城市与生态建筑</td><td>* 陈易（主讲教授）</td></tr>
<tr><td>城市空间</td><td>* 王伟强（主讲教授）</td></tr>
<tr><td rowspan="2">建筑与高新技术研究所
（CD）</td><td rowspan="2">戴复东</td><td>特种构造</td><td></td><td rowspan="2">* 胡向磊（副教授）</td></tr>
<tr><td>建造技术</td><td>* 颜宏亮（主讲教授）</td></tr>
</table>

注：标注 * 为兼任教师岗

表 4. 其他团队

团队	负责人	成员
《时代建筑》编辑部 （T + A）	支文军（研究员）	彭怒（研究员） 徐洁（副研究员） 张晓春（副研究员）

Students

学生情况

本科生

2014 级建筑系本科生共 148 人，少数民族 18 人，文科生源 10 人，港澳台生源 5 人。其中，建筑学学生 123 人，男生 55 人，女生 68 人；历史建筑保护工程 25 人，男生 10 人，女生 15 人。

2015 届建筑系本科生共 148 人，工作 40 人，读研 60 人，出境 39 人，其他 9 人。建筑学 111 人，工作 28 人，读研 45 人，出境 31 人，其他 7 人。室内设计 15 人，工作 9 人，读研 6 人。历史建筑保护工程 22 人，工作 3 人，读研 9 人，出境 8 人，其他 2 人。

研究生

2014 级硕士研究生在校 449 人（包括在职），其中专业学位建筑学硕士 201 人。

2014 级博士研究生共 70 人，其中建筑学专业 32 人。

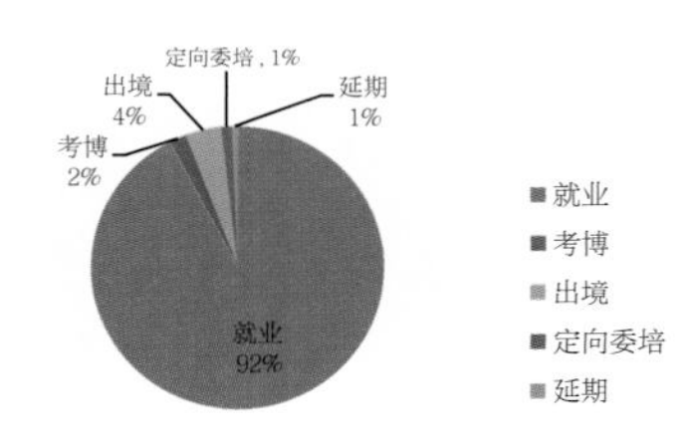

2015 届硕士毕业生就业去向

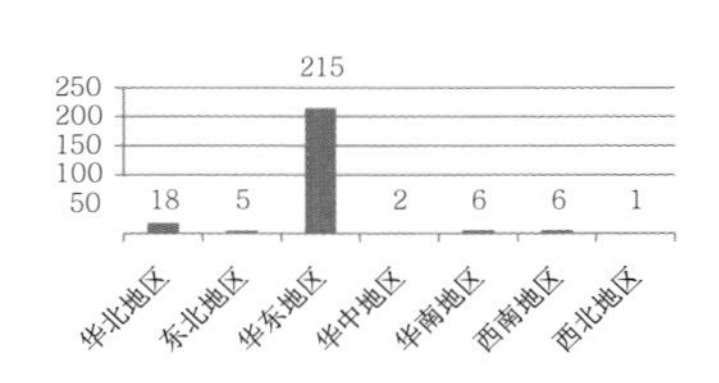

就业地区分布

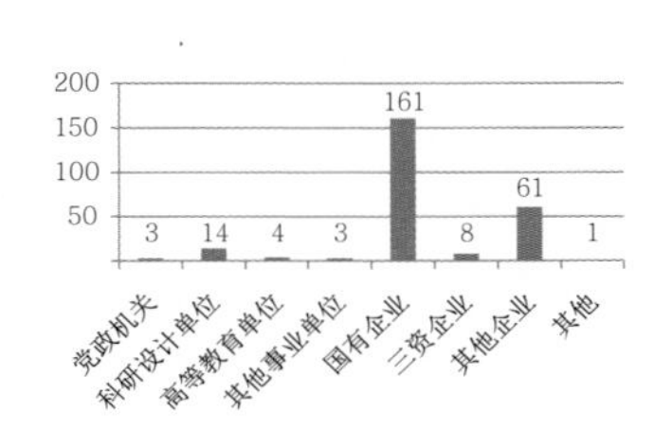

就业单位类型

Facilities

教学设施

主要教学空间与科研设施

目前，建筑与城市规划学院教学区由 A、B、C、D、E 五栋大楼组成，总面积达 3.2 万 m^2。

A 楼（文远楼）

实验楼、国际合作机构

B 楼（明成楼）

高年级教室、信息中心、管理用房，25 间标准专业教室

C 楼（新楼）

教师办公、科研用房、展览服务

D 楼（基础教学楼）

低年级教室、教学创新基地、对外交流用房，20 间标准专业教室，8 间小型专业教室

E 楼（同济规划大厦）

毕业设计教室、硕士生教室，18 间标准专业教室

1. 建筑与城市规划学院教学区示意图。
2. C 楼。
3. D 楼（基础教学楼）。

4. E 楼（同济规划大厦）。
5. A 楼（文远楼）。
6. B 楼（明成楼）。

实验室

高密度人居环境生态与节能教育部重点实验室

由教育部2008年批准建设的高密度人居环境生态与节能教育部重点实验室以建筑城规学院建筑学科为主体，是国家城市建设重大技术开发基地。在同济大学相关优势学科的支撑下，形成高密度人居环境生态与节能学科群。建设约7 000m²的工作场地、约60人的研究、管理、技术队伍。建成我国最先进的建筑科学领域的三大平台（基础研究平台、实验模拟平台、决策支撑平台），三大技术中心（城镇密集区发展预测和动态监控研究中心、都市建筑群生态模拟集成技术研究中心、既有建筑与历史建筑诊断与生态改建研究中心）。

城市规划与设计现代技术国家（专业）实验室

同济大学城市规划现代技术实验室为原国家计委、国家教委批准，利用世界银行贷款的全国重点学科建设项目。实验室依托的同济大学城市规划与设计重点学科，开展科学研究、技术开发和咨询、培养高层次的人才，为国内城市规划领域技术方法研究的重要基地，面积600m²。目前配备有较先进的虚拟设计技术硬件和软件，可进行大型城市规划和建筑的虚拟设计。该实验室由城市规划与设计现代技术研究室开始发展（1987年），1995年基本建成。其中包括三个室：GIS室、交通规划室和CAD以及系统室，另有专供本科生和研究生上机用的开放式机房。

1. 高密度人居环境生态与节能教育部重点实验室。

亚太地区世界遗产培训与研究中心（上海）

2006 年 9 月中国教科文组织全国委员会正式来函批准在同济设立“亚太地区世界遗产培训与研究中心（上海）”，中心服务于亚太地区《世界遗产公约》缔约国及其他联合国教科文组织成员国，主要负责文化遗产的培训与研究，包括：开展教育和培训活动，提高世界遗产保护水平和质量；与该地区相关的研究中心合作，从事研究、保护和遗产资源调查工作；举办科学研讨会和各种会议（地区和国际性），开设涉及所有世界遗产领域的长短期培训课程和培训班；在世界范围内收集相关的资料，建立资料库；通过互联网，收集和传播本地区的相关知识和信息；通过出版，传播各国研究活动的成果；促进世界遗产保护各个具体领域的合作计划，并就此在地区级别推动保护工作者的交流和交换。

中心位于同济大学文远楼，面积约 3 000m^2。

同济—亚洲发展银行城市知识中心

以城市可持续发展为主题的区域知识中心（简称城市知识中心）于 2010 年 3 月在建筑与城市规划学院成立。这个面向亚洲与太平洋地区的城市知识中心由亚洲发展银行和同济大学共同建立，旨在共同促进在城市发展领域里的区域知识交流，推动地区可持续的城市发展和经济增长。该中心建立至今，由我院城市规划系系主任唐子来教授主持的团队正在展开第一阶段工作，主要包括：总结中国城市化过程中在城市规划、能源利用和废水处理方面的成功经验；以发展中国家政府官员和城市发展的从业人士为对象，编写中英文版的案例报告；并与亚洲发展银行协作，以城市知识中心为平台，举办城市发展经验的国际研讨会，将中国城市的优秀案例在国内外推广。城市知识中心的长期目标是总结和传播国内外城市化发展过程中的成功经验，以促进亚太地区更好地实现以人为本、环境友好型、可持续的城市发展。

2. 电光源史实物展示系统。

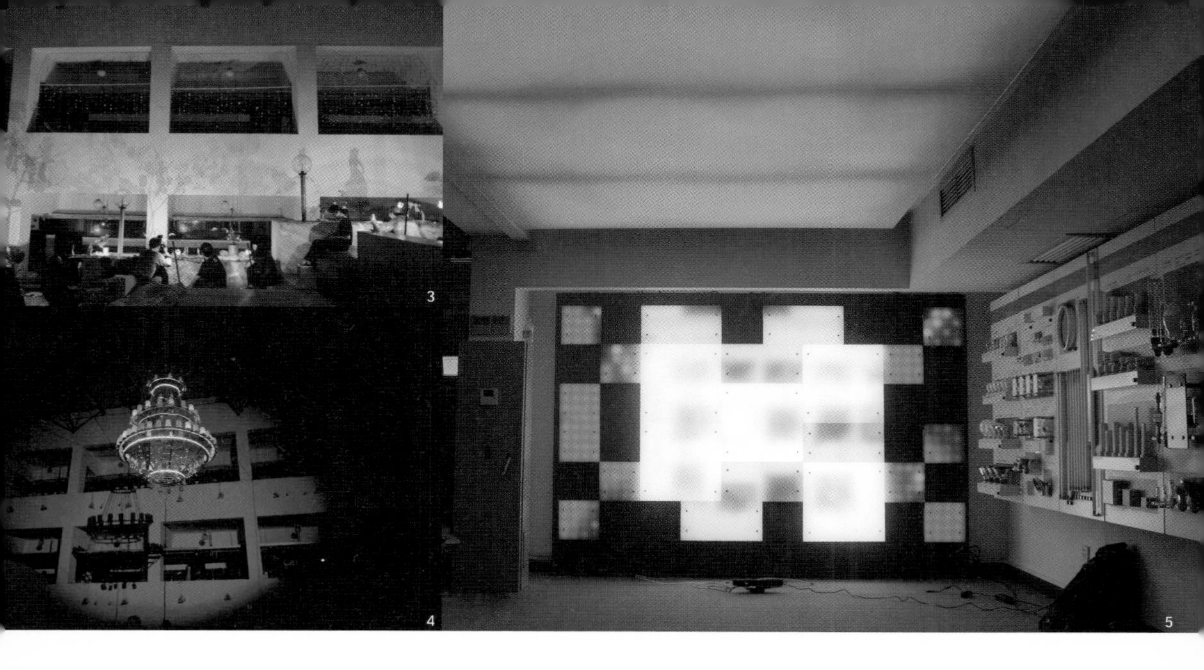

建筑声学实验室

同济大学是国内最早从事建筑声学研究的单位之一，具备完善的建筑声学研究设施和仪器设备，在 10 余项国家自然科学基金和国家“863”“973”等科技攻关项目的资助下，开展多项前沿性的研究，负责或参加国家建筑声学领域的设计规范或产品标准近 30 项，“道路交通噪声控制研究”获国家科技进步三等奖，“城市环境噪声防治系统工程的研究”获国家教委科技进步二等奖等多项奖励；实验室拥有国内最大的消声室（体积为 $16.0m \times 11.4m \times 6.6m=1\ 203m^3$，建于 1981 年）、混响室（体积为 $8.6m \times 6.8m \times 5.4m=268m^3$，建于 1981 年）和隔声室（体积为 $11.1m \times 4.6m \times 5.0m= 255m^3$，建于 1957 年）等实验室和齐全的实验设备。近年来积极探索计算机技术在建筑声学测试中的应用，自行开发相关程序，有效地提高了测试精度和效率。

建筑照明和光学实验室

实验室面积约为 $240m^2$。其中，演示室引进了欧洲著名照明公司 ERCO 的 ERCO GANTRY 式吊顶、ERCO 灯具和 ERCO Light Control 调光系统，演示的内容涉及基础照明、进阶照明、高阶照明、特别效果、射灯效果、投影影像效果、连续转换场景、移动感应、暗光技术、双重反射投光技术、完整射灯技术。目前正在承担国家重大工程中的关键科技攻关项目“LED 在国家游泳中心建筑物照明工程中的应用研究”，“基于城市景观照明的 LED 灯具研发及相关标准制定”和上海市科委重大科研专项“世博园区光环境规划的新技术应用与研究”。

同济大学 985 平台“空间信息与城市立体监控系统”

该平台以空间信息获取与处理、城市立体动态监控的理论技术和应用为研究主题，以其中涉及的关键技术为研究内容，实现软硬件集成的、动态的、三维的空间信息

3、4. 剧院魅影灯光秀。
5. 虚拟互动屏幕。

6、7. 建筑与城市规划学院实验室设备照片。

获取与处理及城市立体动态监控系统，为城市建设、管理和发展中的灾害监测与应急反应提供空间技术保障和空间信息决策支持。目前，已经研究开发了车载移动三维空间数据采集系统，实现空间信息快速获取与城市立体动态监测。

艺术造型实验室

艺术造型实验室成立于2001年，位于D楼1层（含砖雕、木雕、琉璃、版画工作区）、D楼2层（艺术造型研究室），总面积约400m²，可同时容纳120名学生上课，60名学生艺术创作活动。并有燃气陶窑1座、电琉璃窑1座及其他教学辅助设备。艺术造型工作室开设的“艺术造型”系列课程以“形态创造”为主线，在实践的基础上充分研究现代艺术形式理论。使学生在想象力、创造力、形态创造方法、艺术创造中对材料的审美与驾驭能力等诸多方面进行研究训练和提高。这类课程因其纯粹、自由、便捷和很强的表现力使学生在较短时期内研究尽量多的创作性课题成为可能，深受学生的欢迎并成为选修课中热门课程之一。

模型实验室

建筑模型实验室，位于D楼1层，面积约330m²，拥有数控机床设备：激光雕刻机3台、平面镂铣机1台；拥有大型机床设备：立式镂铣机、刨床、手动单燕尾榫机、榫槽机、立式海绵轮砂光机、细木工带锯机；拥有电动手控模型加工设备108套（曲线锯、电刨、斜断锯、电圆锯、砂光机、木工接合机、木工修边机、雕刻机）以及供出借的模型制作工具箱30套。目前，建筑模型工作室可同时容纳60名学生模型制作，是学生建筑模型及家具模型加工制作的主要场所，也用作其他设计方面的教学和交流。

数字化规划与设计实验室

数字化规划与设计实验室位于D楼2层，面积约700m²，包含计算机房和媒体实验室两个部分。

计算机房通过将现有的严重老化设备更新、添置新设备、引入新功能，提升实验室的硬件配置水平至国内领先、并与国际接轨。实验室更新与添置的设备主要包括：上课学生用计算机，更新原有30台，新添60台；共计118台主流配置的实验室计算机，并配备相应课程所需软件，满足一般性的综合性实验要求；新添图形工作站3台及相关软件，满足对图形运算要求较高的设计性实验、创新科研要求；网络服务器1台，满足数据共享和提高教学效率的要求；添置先进的计算机辅助设计软件，开设新课程；教学配套设备，新添高亮度投影及幕布系统两套，扩音设备一套，满足教学过程中示范、演示需要；其他设备，如激光打印和扫描设备等，满足教师备课、课件制作、学生练习和过程作业检验等要求。这些设备主要用于科研、生产、本科生的毕业设计和少量的专业实习及研究生的毕业论文用机和研究生的专业实习用机。此外还设有计算机辅助与图形学(研究生)选修课、地理信息系统原理与应用（研究生）选修课。

媒体实验室

媒体实验室由三部分组成，分别为摄影区、摄像区、视频会议及小型表演区。摄影区包括6轴专业摄影电动背景、一套影棚闪光灯组合、一套影棚常亮灯组合、1m×2.4m专业静物台、2m×2m移动背景架等设备，可供专业静物、人像、设计作品模型的拍摄。摄像区包括一座配备专业灯光系统的虚拟绿箱、专业录音棚、导控室、虚拟演播室设备，以及四套影像非线性编辑系统，可供示范课程视频拍摄、采访、实景与虚拟场景相结合的设计作品视频拍摄与后期编辑。视频会议与小型表演区包括一台专业投影仪、电动投影幕、一套LED新型灯光系统、音响系统等，可供国际联合设计教学成果异地实时交流、小型时装秀、创意表演，等等。媒体实验室将为研究数字媒体在设计创意中的作用提供实验平台。

7

8. 数字设计实验室机器人自主生形。
9. 数字设计实验室成果展示。

教学创新基地

学院利用学校的投入和社会的资助，结合现有设施和社会资源，初步建成一批跨学科的本科教学创新基地。其目的在于在丰富教学内容、改革教学形式的基础上，激发学生的创造性思维，提高学生的创新能力。同时，课堂内外互动、学校内外开放的教学形式得到了进一步的完善。“建筑与城市规划学院教学创新基地”下设十个分基地。

设计基础形态训练基地

地点：模型车间、模型工作室

课程：设计基础、建筑设计基础、建筑生成设计、建筑设计、纸居艺术设计等

美术教学实习创新基地

地点：安徽省宏村、西递等

课程：素描、色彩实习

传统建筑测绘实践创新能力培养基地

地点：山西省

协作单位：山西省建设厅

课程：传统建筑测绘、历史环境实录

城镇历史文化遗产保护与利用实践教学创新基地

地点：江苏省历史文化名镇同里

协作单位：同里镇人民政府

课程：城市历史文化遗产保护、城市更新（城市设计）、毕业设计、历史建筑保护技术等

上海优秀历史建筑资源调查实践教学创新基地

地点：上海

协作单位：上海市规划局

课程：近代历史环境实录

城市规划综合实践创新基地

地点：上海

协作单位：上海市城市规划管理局、上海市各区规划管理局

课程：城市规划社会综合实践、毕业设计

风景区规划综合实践创新基地

地点：杭州

协作单位：杭州市园林局

课程：中国古典园林测绘、风景区社会实践与资源调查

艺术教学创新基地

地点：陶艺工作室、照明实验室等；宜兴实习基地、徽州实习基地、松江实习基地、虹桥实习基地

课程：设计基础、陶艺与设计、陶艺与造型、雕塑等

社会实践创新基地

地点：学工办

项目：大学生创新活动计划、大学生创新实践训练计划（SITP）、挑战杯竞赛

中国传统家具教学创新基地

地点：上海青浦千工坊

课程：中国传统家具与文化、家具与陈设

图书馆

学院图书分馆

同济大学建筑与城市规划学院图书分馆面积近 1 500m²，其中阅览面积占到 2/3，座位数 250 座；由学校图书馆与学院共建，主要收录有关建筑规划的图书期刊。学院图书馆每年投入至少 80 万元用于添置图书。在全球范围内购买最新专业专刊，并通过接受国际国内学术机构和团体赠送等方式扩充藏书量。目前有逾万册藏书和学位论文，200 余种中外文期刊，建立了中国传统建筑研究图书资料库（地方志等），种类和数量已在全国建筑院系中处于领先水平。学院图书分馆还保存有历年硕士和博士论文 2 500 册。学院图书馆定期向学校图书馆转移部分书籍和期刊，使图书资料保持经常的更新。

学院图档室

同济大学建筑与城市规划学院教学档案馆创建于 2003 年，总面积 120m²，投资 50 余万元，采用密集专业图档资料架，容量可贮藏 15 年的教学成果档案。学院图档室收集和保存了从 1952 年起历届学生课程设计图纸、毕业设计图纸和实习档案等教学管理资料。2004 年明成楼改建后，学院图档室和图书馆同步拓展，成为可储存学生 20 年作业的大型图档馆。它系统地保存了历年

1. 学院图书分馆。

来的招生、课程考核、实习和毕业设计资料、教师的教学成果、各项专业评估检查报告，最核心的部分则是学生优秀作业和近 10 年一至五年级的学生设计作业图纸和毕业设计图纸，这些珍贵的作业图纸作为历代学子的智慧结晶，已成为教学图档馆的永久收藏。近年来的课程设计作业和毕业设计均做到了纸质图纸与电子文件双重存档的要求，便于取阅，到 2014 年底已累计超过 1 000 份。

院史馆

2006 年 10 月 10 日，作为同济大学第一个学院院史馆——建筑与城市规划学院院史馆正式开馆。院史馆建设从 2003 年下半年开始，学院组织人手开始了校友寻访工作，涵盖上至 1938 年之江大学建筑系学生、下到近年毕业的历届校友。院史馆成为学院发展的又一平台，也是联系校友的重要载体。院史馆馆藏丰富，不仅收藏了教案、信札手稿、师生设计作品、美术作品、雕刻工艺品、书籍报纸、教学用具、礼品纪念品、老照片、毕业证书以及获奖证书、奖品等，还藏有代表我校建筑设计不同时代的设计作品模型，如上海市优秀历史建筑、建于 1961 年的同济大学大礼堂模型等。院史馆还开通了数字馆，可在电子触摸屏中可以随意翻阅到馆内的任何一件物品及其详细的说明。还可以查询到每一名教职员工的照片，以及每一届毕业学生名单。

信息中心（三馆联动成果）

为整合学院信息资源，提升学科发展支撑平台建设水平，由学院领导班子牵头开展的三馆联动计划于 2010 年上半年顺利完工，将图书、图档和院史馆连为一体，成为学院的信息中心。中心空间从原有的 1 000m^2 拓展到 1 500m^2，从 180 个座位增加到 250 个，将书刊、学位论文和图纸档案、珍贵史料等各种类型资源统一管理，形成了一个整体化的学科信息空间。截至 2014 年底，图书馆馆藏专业图书已达到 37 509 册，其中包括中文图书 21 029 种 26 912 册，外文图书 5 411 种 5 780 册，以及硕士和博士学位论文 4 817 册，订阅中外文专业期刊 322 种，其中中文 203 种，外文 119 种。

为响应学科建设和各专业评估对数字化教学文件、学生课程作业文档系统的需求，三馆联动计划专门拓展了一个数字化服务区域，包括 3 个研究室和电子阅览室，内有 20 台一体化计算机、3 台交换机和 1 台服务器、3 台投影仪，以及配套网络架构的 6 台无线路由器，形成强大的网络环境供学院师生访问丰富的数字资源，如学校总馆的各种专业文献数据库、本院分馆的书目数据库，精品讲座视频等。在此基础上，信息中心配备了大型宽幅扫描仪一台，以及相应的学科化信息服务平台来开展学位论文全文、图档作业、设计图库等数据库的建设。截至 2014 年底，全馆入藏的 4 000 多册学位论文、1 000 余份的作业图纸已经完成电子化，可供在线浏览参阅。

为配合学院规范研究生学位论文的写作和答辩过程，上述学科化信息服务平台还提供相似性检测服务，在新写作的论文和已发表的海量论文之间开展深度比对，提供重复性数据、文字和段落对比表格等信息，供导师和学术委员会在各个环节上参考监督，提高学位论文写作的诚信度。

综上所述，图书分馆、院史馆和图档室三位一体，在学院领导班子带领下，在全体专业教师和各部门指导协助下，将持续建设、开发学院的特色资源，为师生读者提供更高水平的服务。

2、3. 院史馆。

UNDERGRADUATE PROGRAMS

专业教育・本科教育

Design Courses

设计类课程

同济建筑设计课程设置的基本思路是围绕人与空间、材料与建构、建筑与环境等建筑设计教学的重点，结合价值观、审美能力和社会意识等的培养，进行由浅及深的系统训练，强调以问题为导向，注重方法训练，并体现出体系性与开放性相结合的特征。“体系性”是专业培养规律的体现，强调每个设计课题都必须结合阶段性的训练目标选择恰当的研究对象，并采取有针对性的评价方法和教学手段，从而形成了启蒙、基础、深化、分化、综合等诸个紧密衔接的训练阶段。“开放性”指的是在阶段性训练目标明确的前提下，并不强求具体设计题目的一致性。特别是在高年级阶段，一系列由指导教师结合特定研究领域和学科发前沿形成的自选专题，对于培养学生研究性、自主性的学习能力和多元化的专业发展方向具有积极的作用。

1

Fundamentals of Design

设计基础

建筑设计基础教学是建筑与城市规划学院所有专业共同设置的一个公共专业基础教学平台，包括五年制的建筑学专业（含室内设计方向）和四年制历史建筑保护工程专业，以及五年制城乡规划专业（2学年，共4个学期）；四年制风景园林专业（1.5学年，共3个学期）。

培养目标

一、二年级专业基础阶段的培养目标是帮助学生树立正确的价值观念和明晰的社会责任感：以人为本、追求社会公正公平；尊重意识形态及社会文化的多元性；保护自然资源、保护蕴藏在建筑环境中的社会文化多元遗产。

教学重点

现实的人居空间环境纷繁复杂，但其中又包含着生活形态的潜在逻辑。作为设计师应具备在感性体验的基础上，用理性的思考从中概括出其主要特征的能力，通过对生活环境的观察与分析，发现建筑空间环境中的构成要素质量。以生活为主题、以生活形态相对应的建筑空间原型展开学习，是专业基础教学的重点。

教学内容

观念教学：理论、历史、评论；

知识教学：概论、原理；

技能教学：认知、表达、设计、技术。

课程系列

造型系列：艺术造型、艺术造型工作坊、材料与造型；

史论系列：艺术史、当代艺术评论、建筑史、城市阅读；

原理系列：设计概论、建筑概论、建筑生成原理、建筑设计原理；

设计系列：设计基础、建筑设计基础、建筑生成设计、建筑设计、设计周。

各学期课程目标

一年级第1学期：空间感知（基于知觉系统的空间感知与材料构成）；

一年级第2学期：空间设计（基于行为模式的个体性空间和社会性群体空间设计）；

二年级第1学期：建筑生成设计（基于生成逻辑的建筑空间与结构设计）；

二年级第2学期：建筑空间与环境设计（基于不同社会群体生活形态的空间与环境设计）。

课程结构及授课方式

课程结构：建筑设计基础课程由理论课、研讨课和设计课组成；

授课方式：设计理论课采用年级大班授课方式（120～150人左右）；设计研讨课采用小班教学方式（28人左右），以讨论和案例研究方式进行；设计课采用小组教学方式，每位教师与学生（8～10人）组成小组，教学以参与、启发、辅导、实践方式进行。

特色教学

国际化：2014年开始招收国际班（8人），全英语教学；

基础实验班1：一年级，由设计切入的基础教学；

建筑实验班2：二年级第2学期，衔接三年级实验班；

历史建筑保护工程实验班：二年级第2学期；

规划平行班：二年级第2学期，校外导师参与教学。

艺术造型训练

在传统的美术教学模式之外，一年级的设计基础中设置了“艺术造型”必修课，包括“陶艺”“砖雕艺术”“木雕艺术”“剪纸艺术”“编织艺术”“琉璃艺术”“木刻版画”“金属版画”“机刻版画”“纸雕艺术”“绘瓷艺术”“装置艺术”等十几门不同艺术样式的实践课程。让学生放飞想象，摆脱表象的束缚，在创造中释放自身的艺术潜质。

教学过程的重点是：其一谈“发现”；其二是在教学过程中侧重营造开放、宽松、活跃互动的场所氛围；其三是在独特的“发现”基础上，灵活运用工具材料创造性地展开表现技巧；其四是师法自然、师法社会、师法生活；其五是展开传统造型艺术与现代造型艺术特征的比较。

教师：阴佳、赵巍岩、张建龙、田唯佳、关平

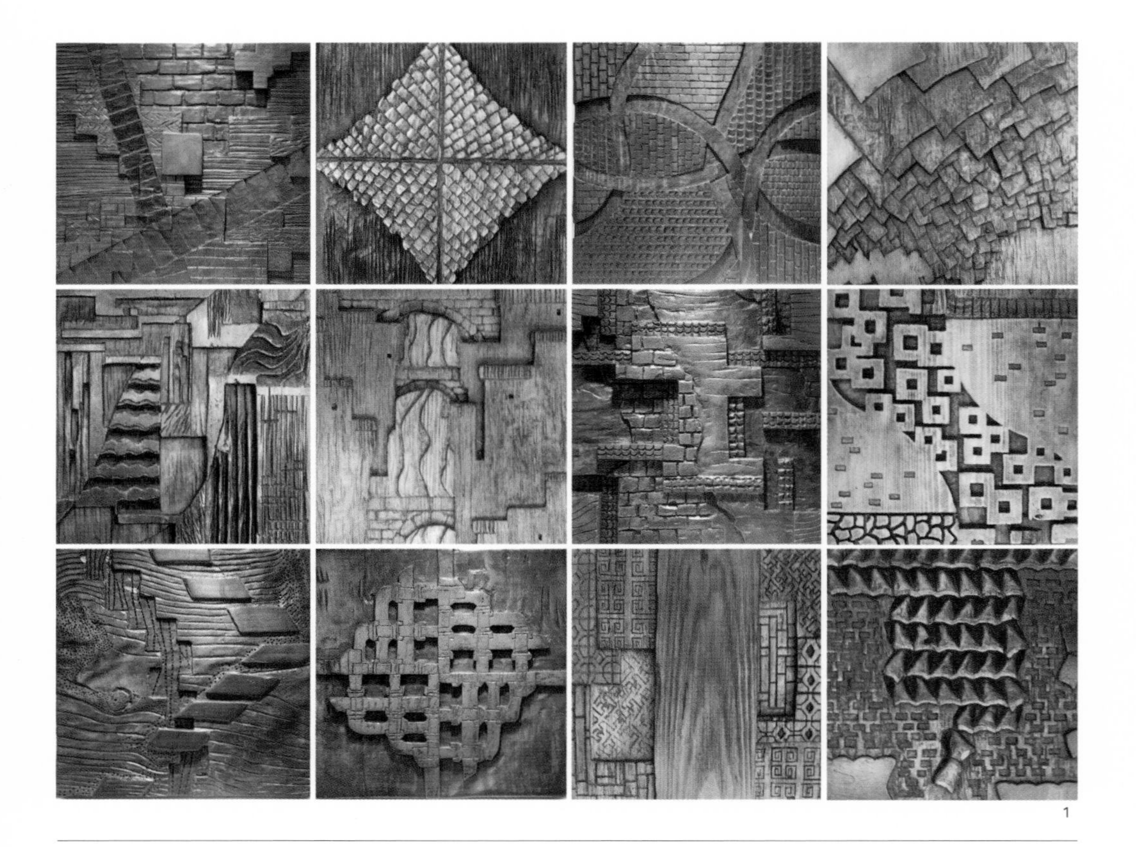

1

1. 2011 级历史建筑保护专业 /2012 级建筑学专业部分学生，徽州印象——组雕，表现形式：木雕，作品尺寸：30cm×30cm。
2. 2012 级建筑学专业 孙桢等，山水之间（组画），作品材质：木刻版画，作品尺寸：160cm×60cm。

3. 2013 级历史建筑保护专业学生，山河在，获 2015 上海当代学院版画展二等奖。

3

空间与身体

一年级设计课基础教学以“空间与身体”为主题，设定了“身体的表演”“在网络中居住”和“自然中的栖居”三个练习，贯穿一个学年。目标是引导学生进入建筑设计，理解建筑基本概念及其基本要素，建立认知与设计、概念与建造之间的关联。

“身体的表演”：以电影为媒介，以抽象的立方体启动设计，以空间规划辅助建立人的关系作为设计训练重点。目的是建立对空间的建造方式和基本要素的认知，培养身体感知空间的认知习惯，建立空间与身体、观察与设计、图与设计之间的关联。

“在网络中居住”：以城市边缘地带农民工群租为基地，依旧以讨论空间规划与人物关系为重点。练习以真实的场地、真实的人物关系和真实社会网络中的感知推进设计。目的是建立体验与设计之间的关联、研究和分析基地研究的基本方法，以及场地、人物身份、身体与空间之间的关联。

“自然中的栖居”：以自然环境为基地，将个体身体对空间的感知作为设计的重点。目的是初步建立对自然环境的认知，强化空间、身体（身份与个体）和不同类型活动之间的关联，通过材料和建造的介入，建立空间与自然环境、空间氛围与建造之间的关联，以明确建造与设计之间的关联。

教师：胡滨、王红军、金倩

1. 张晓雅，在自然中栖居，静修室渲染图。

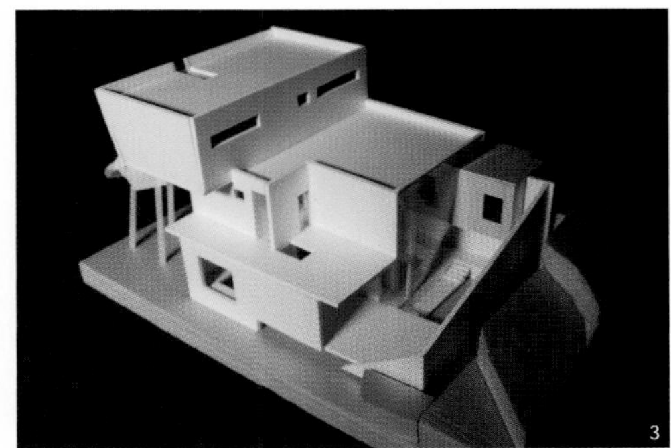

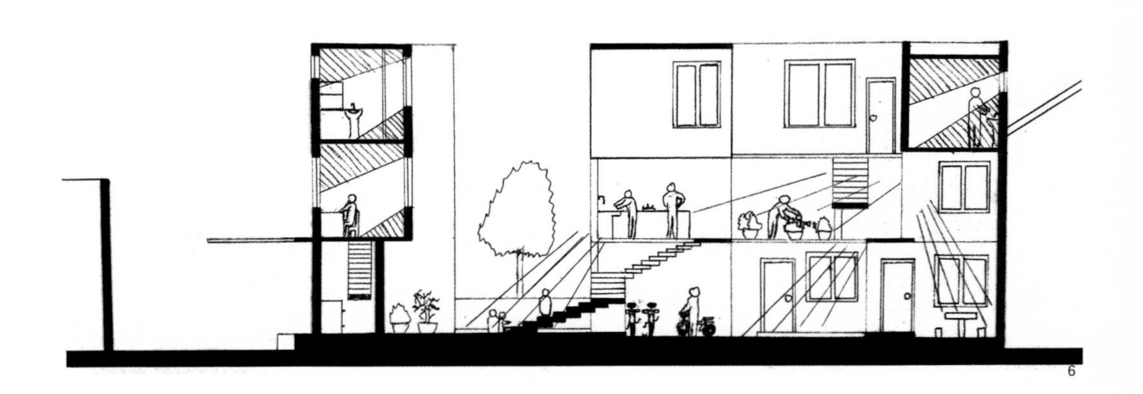

2. 李淑，在自然中栖居，模型图。
3. 张晓雅，在自然中栖居，模型图。
4. 唐靖，在网络中居住，模型图。
5. 邱雁冰，在网络中居住，模型图。
6. 邱雁冰，在网络中居住，剖面图。

空间、建构与人

人既是建构空间的主体，也是建构空间的目的，所以“人”应该始终处于设计的核心地位。

一年级下学期设置有三个连续的课程设计，分别从“个体性空间”到“群体性空间”，再到“社会性空间”，帮助学生建立基于“人”的空间建构理念。

“居住空间设计”要求选择一部文学作品，将其人物关系、生活形态转译为居住空间。在文学作品所描述的城市中选择基地，建筑总体积不大于 300m^3。

借助文学作品中生动细腻的生活形态描述，帮助学生理解观念形态、生活形态与空间形态之间的关系，理解空间形态背后的生活形态，以及生活形态背后的观念形态。学习运用图解的方法，实现生活形态向空间形态的转译。课题分为两个阶段。第一阶段对文学作品的创作理念、人物关系、行为特征、事件场景进行分析图解，并以此为目标确定基地及具体任务书。第二阶段根据第一阶段确定的生活形态特点设计空间形态。

教师：俞泳、戚广平、岑伟、李彦伯、张建龙、徐甘、李兴无、王志军、李立

1. 丁歆，生活在别处，剖面图。

2. 张劭祯，一个人的世界，模型照片。
3. 丁歆，生活在别处，模型照片。

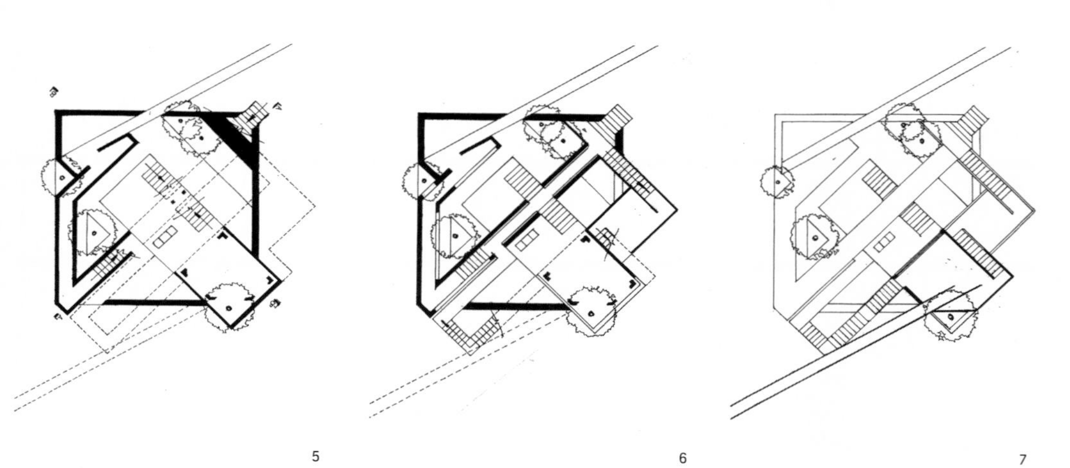

4. 徐一珉，一个人的世界，模型照片。
5—7. 徐一珉，一个人的世界，平面图。
8. 丁歆，一个人的世界，模型照片。

建筑生成设计基础

建筑生成设计基础由三个连续的单元组成："基于水平向度的空间生成""基于竖直向度的空间生成"以及"基于多维向度的空间生成"。课程采用系列课题的形式，让学生按顺序及问题等级完成一个全过程完整的课程设计，使学生对自己所学的建筑学相关知识及设计技巧有一个梳理，形成相对正确的基本建筑生成观。

基于水平向度的空间生成

茶室的基地位于上海市某住宅小区内，其功能是为群众提供一个休闲娱乐的良好场所。基地 24m×40m，建筑要求四个面完全贴线建造，总建筑面积 $500m^2$，最大高度不超过 5m，除在临路一面可以开两个出入口及窗口外，其余方向均不得开启任何形式的洞口。

让学生学会"生成要素"不同的定义方式，并试图通过对差异性的各要素建立关联方式来建立一定的"生成规则"，从而进行空间形态的生成。教学的重点在于深入理解生成要素不同的定义方式对生成设计的影响。

基于竖直向度的空间生成

现代艺术展示馆位于某高校创意街区中的公共广场内。基地长 20m、宽 10m，建筑总面积 $800m^2$，要求与原有建筑贴邻建造。展示馆的总体设计应充分考虑建筑与周边环境及场地的关系。

让学生掌握"生成要素"不同的定义方式，并根据差异性的各要素来建立关联方式，并设定相应的"生成规则"，以进行建筑形态的生成。本设计尤其注重空间和结构这两种不同属性的生成要素之间的关联性以及相互之间的适应性。

基于多维向度的空间生成

大学生活动中心位于校园的情人坡，作为大学这个社区中的重要组成部分，是一个具有"开放性、公共性与互动性"的社交场所。建筑总的体积控制在 $5\,000m^3$ 以内。鼓励社团的开放性以及和公共设施的混合，形成一个面向公众的交流场所。

让学生掌握建筑内、外各"生成要素"相互关联的方式，并创造性地建立"生成规则"，以获得多样性的空间和建筑形态。本设计尤其注重外部因素对建筑内部各生成要素的影响，建立以"环境响应度"为主的性能评价方法，以驱动生成设计的进程。

教师：戚广平、俞泳、张建龙

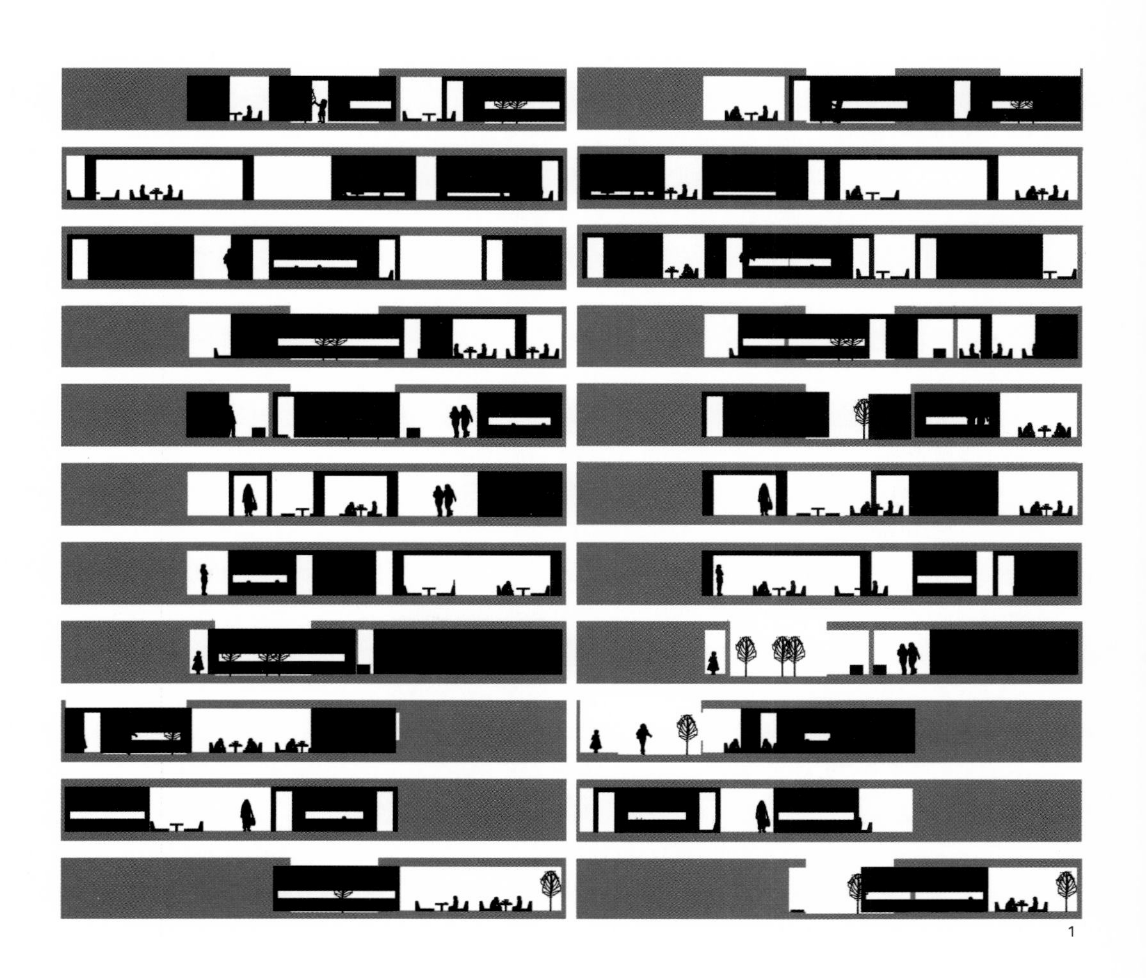

1. 陈琍怡，茶室设计，茶室初始状态和变化后状态对比。

基于气候适应性的教学楼设计

本课题拟将同济大学建筑城规学院 D 楼进行更新重建，在原有基地上建造一座教学楼，提供建筑学院师生所需的教学、办公及相应辅助功能的场所空间。总建筑面积 2 000m^2，设计需要结合场地环境，处理好新教学楼与学院原有教学楼及 ABC 广场的关系，协调好新老建筑之间的风格和形式。同时，训练侧重于气候之于场地对建筑设计概念的生成及深化过程的影响。

这一教学模式以更为宽泛的视角切入，在强调建筑学基本原理教学的同时，更是以技术应用为导向、以现实需求为依据，将具象的各种建筑现象与问题融入到抽象的建筑设计的学习之中。同时将视野拓展到新材料使用、计算机性能模拟，理解应对气候变化、环境适应等问题。

教师：赵群、关平

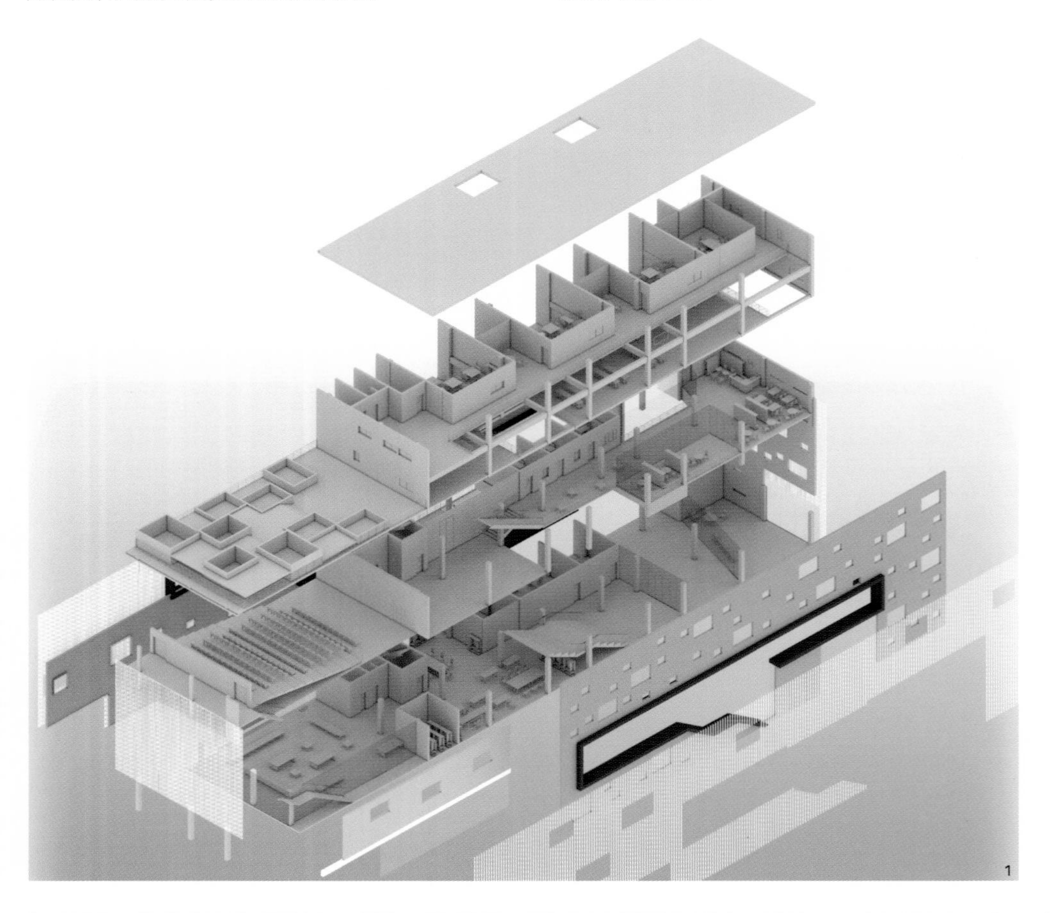

1. 翁子健，建筑学院 D 楼再设计，建筑分解图。

私人藏品博物馆及工作室设计

课题要求学生通过对松江方塔园的实地考察和研究，在园内或紧贴园墙处选择一处合适的基地，为收藏家（艺术家）提供一个可供藏品展示、保存、研究的场所，同时可以满足其短期的居住、会客等生活需求。总建筑面积控制在 1 000m^2 左右。

课题旨在培养学生在充分尊重基地特征的前提下，树立建筑设计的环境观念。并通过室内外环境气氛的塑造，初步理解建筑（空间）与环境、功能和活动的关系；同时，学会运用建筑的思维和手段处理相关技术在建筑设计中的合理运用和整合的能力。

教师：徐甘、李兴无、王志军、李立、章明

1. 孙少白，镌琢玉石博物馆，显隐——私人藏品博物馆及工作室设计，模型照片。

Architectural Design

建筑设计

在建筑学专业教学总纲和设计类课程教学子纲的框架下，课程提炼了三年级到四年级各阶段教学要解决的基本问题，强调对建筑设计本质规律的探索，使学生在掌握知识的基础上逐步走向创造性地运用知识，形成有针对性的教学内容和方式，完善系统和连贯的培养教学板块。

三、四年级的建筑设计课程系列，重点关注建筑与人文环境、建筑与自然环境、建筑流线与空间组织、建筑结构与形态等问题；重点关注在高密度城市环境背景下的建筑群体、高层建筑、城市综合体等设计本质规律；重点关注智慧城市、绿色建筑、数字化设计、历史建筑保护等建筑学专业未来发展的专题性方向。

在具体的教学组织中，设计课程由 6 个规定性选题、2 组自选性专题组成。规定性选题包括：三年级上学期前 8.5 周的建筑与人文环境—民俗博物馆、三年级上学期后 8.5 周的建筑与自然环境—山地体育俱乐部、三年级下学期整合了建筑群体和高层建筑设计，组成 17 周的长题—城市综合体、四年级上学期前 8.5 周的住区建筑设计、四年级上学期后 8.5 周的城市设计。2 组自选性专题，安排在四年级下学期，各个学科组根据学科研究方向设定题目，如体育建筑、交通建筑、医疗建筑、创意建筑、室内设计、生态节能技术、数字化方法、环境行为等，学期内一般会有 12 个选题供学生选择。

同时，在教学组织方式中，规定性选题既确保全年级 6 个班推进的集体性教学，也鼓励少部分教师作独立性小组教学探索，如数字化方法为导向的博物馆设计；自选性专题积极鼓励多样化、研究型选题和长题教学。

表 1. 三、四年级设计课程

<table>
<tr><th colspan="2">年级</th><th>课程模块</th><th>课程设计名称</th><th>教学关键点</th><th>选题</th></tr>
<tr><td rowspan="4">三年级</td><td rowspan="2">上</td><td>DS-3a</td><td>建筑与人文环境</td><td>功能、流线、形式、空间</td><td>民俗博物馆、展览馆</td></tr>
<tr><td>DS-3b</td><td>建筑与自然环境</td><td>景观设计、剖面外墙设计</td><td>山地俱乐部</td></tr>
<tr><td rowspan="2">下</td><td>DS-3c</td><td>建筑群体设计</td><td>空间整合、城市关系、调研</td><td>商业综合体、集合性教学设施</td></tr>
<tr><td>DS-3d</td><td>高层建筑设计</td><td>城市景观、结构、设备、规范、防灾</td><td>高层旅馆、高层办公</td></tr>
<tr><td rowspan="4">四年级</td><td rowspan="2">上</td><td>DS-4a</td><td>住区规划设计</td><td>修建性详规、居住建筑、规范</td><td>城市居住规划</td></tr>
<tr><td>DS-4b</td><td>城市设计</td><td>城市空间、城市景观、城市交通、城市开发的基本概念与方法</td><td>城市设计</td></tr>
<tr><td rowspan="2">下</td><td>DS-4c</td><td>建筑设计专门化（1）</td><td rowspan="2">各专题类型建筑设计原理与方法的拓展与深化</td><td rowspan="2">观演、交通、体育、医疗、数字方法、建筑节能、集群、室内环境等</td></tr>
<tr><td>DS-4d</td><td>建筑设计专门化（2）</td></tr>
</table>

建筑与人文环境

建筑与人文环境是建筑学专业三年级阶段第一项课程设计，是环境与建筑设计中尊重城市历史文化和建成环境意义的创新思维训练重要环节。以建筑规模适中、文化功能特性强、与城市历史文化街区关系密切的建筑类型为课程选题。

本课程设计通常以民俗博物馆或者社区文化中心为参考选题。在 8.5 周的教学时段内，训练学生建立从现场调研与体验出发形成初步设计概念构思；从博物馆本身功能要求，结合历史建筑及环境的再利用的价值研究，深化设计概念，完善设计方案过程。培养学生的城市环境意识，提高调查研究、综合评价、设计及表达的能力。

教师：张凡、谢振宇

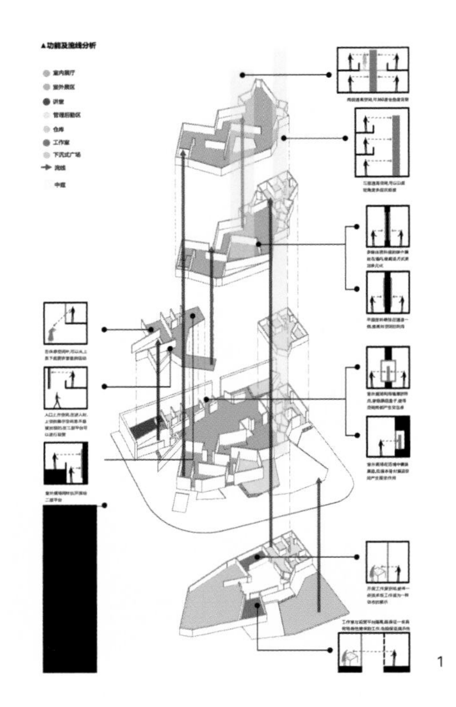

1. 陈翊怡，渡——民俗博物馆设计，功能及流线分析。
2. 邹天格，望——民俗博物馆设计，模型图片。
3. 邹天格，望——民俗博物馆设计，剖面图。

2

3

专题小组

数字设计方法——未来博物馆设计

课题是“未来博物馆设计”。课程的基地位于徐家汇华亭宾馆南侧空地，紧邻历史文化街区，周围既有象征传统文化的老街区、教堂，也有赋有时代气息的体育馆和高架交通。历史街区的建筑如何与文化中心设计要求的未来性进行衔接，从建筑设计的着手点是文脉，环境，还是建造与材料？本课程题目设计初衷即从上述问题着手，解决学生在设计的过程中面临的问题，加强学生从特定角度着手深入解决问题的能力。基地面积 2 355m^2，要求设计的总建筑面积 3 500m^2。

教师：袁烽

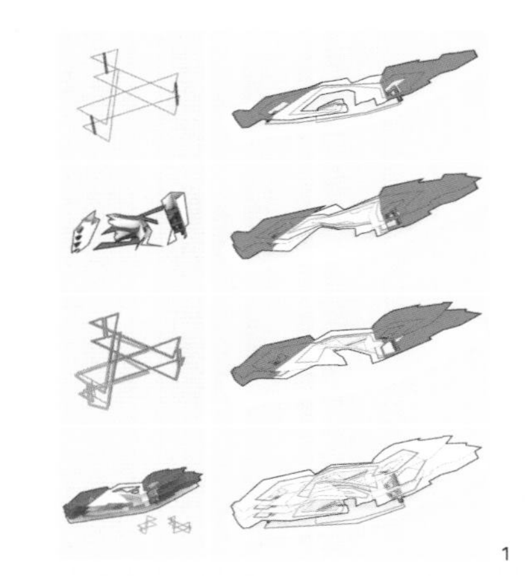

1

2

3

1. 郑思尧，城市缩影——未来博物馆设计，分解图。
2. 郑思尧，城市缩影——未来博物馆设计，结构与动线系统。
3. 郑思尧，城市缩影——未来博物馆设计，效果图。
4. 未来博物馆展览照片。

建筑与自然环境

本课题旨在培养学生在复杂地形条件下的建筑空间与形体组合的能力，处理建筑与自然环境及景观的关系；了解娱乐体育的一般常识，思考休闲体育活动与现代生活的关系；加深对建筑空间尺度及地形环境的感性认识。

山地体育俱乐部

江南某市郊山地拟建一体育俱乐部，设计要求反映文娱建筑的特点，处理好建筑与自然环境景观及地形的关系，充分反映作者的思考与创意。

设计者可在地形图的 A、B、C、D 四个区域任选 5 000 m^2 左右作为建设用地；其余用地可根据设计者对娱乐体育项目的理解自行布置相关内容；从总体上统一考虑建筑与活动场地的设计。建筑面积控制在 3 000 m^2 左右。学生可自行确定体育项目及设计内容，同时必须完成相应的资料阅读及案例分析等文字作业。

教师：孙光临

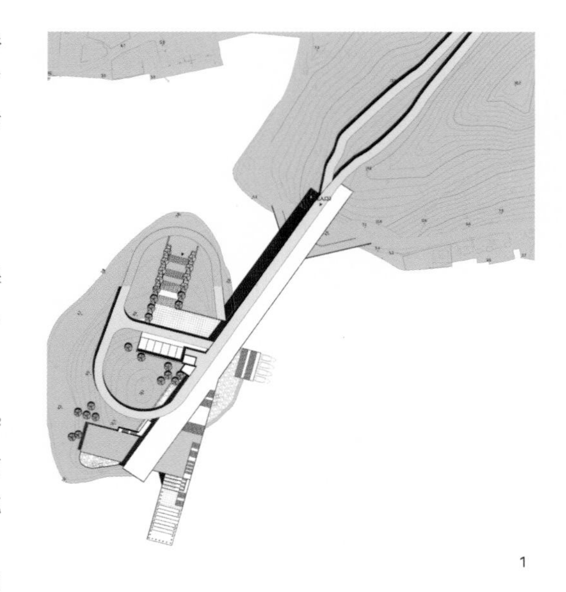

1

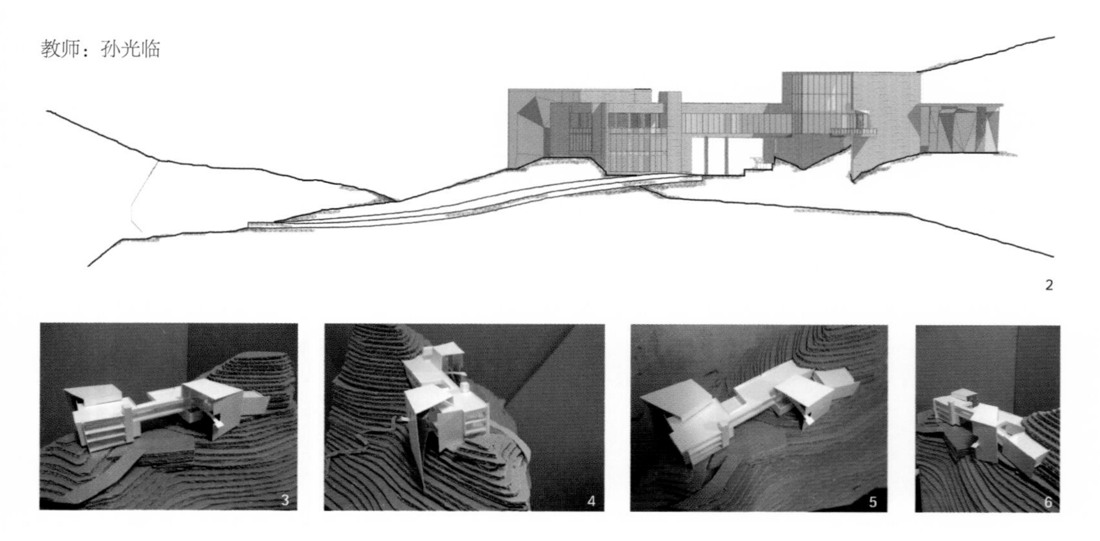

2

1. 陈珝怡，山上 · 桥下——山地慢行俱乐部设计，总平面图。
2. 马慧慧，山地体育俱乐部设计——攀岩馆，南立面图。
3—6. 马慧慧，山地体育俱乐部设计——攀岩馆，模型照片。

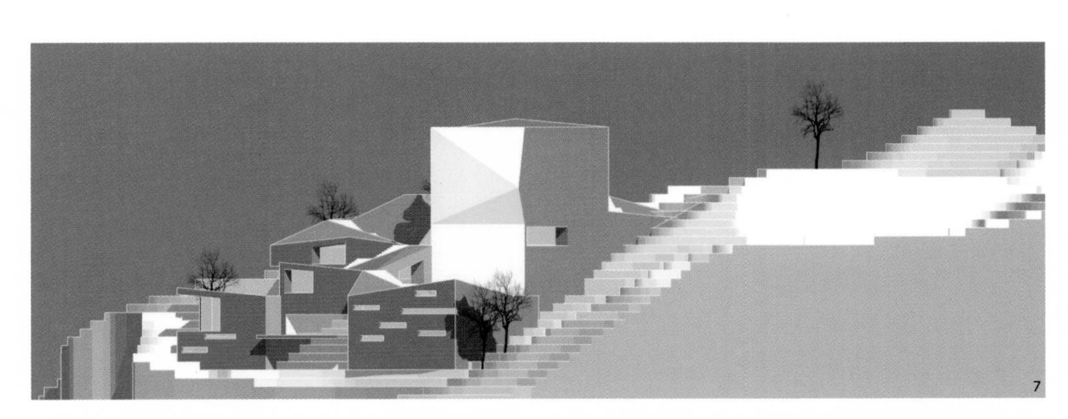

7—9. 苏南西，重 · 峦——山地登高攀岩俱乐部设计，模型照片。

建筑群体设计

城市综合体设计（商业综合体设计＋高层建筑设计）

课程“城市综合体设计”，是将原有商业综合体设计和高层建筑设计整合，形成17周的长课题。课程基地位于上海市虹口区，共有3个地块：西江湾路花园路地块、四川北路甜爱路地块、东宝兴路宝源路地块，每个地块规划红线范围均在2.9～4.0hm^2，学生可任选一个地块。任务要求在基地内拟建包含商业、酒店和办公三大功能的城市综合体建筑，地上总建筑面积70 000m^2，其中商业20 000m^2、限高24m，酒店30 000m^2、限高100m，办公20 000m^2、限高100m。课程在确保商业综合体设计和高层建筑设计两个课程模块的基本教学目标和要求的基础上，以提升设计深化能力为目标。师资配置注重设计类课程与技术、理论类课程的师资搭配，并注重发挥教师的教学专长提倡教学方法的多样化。本课程从2013年开始，至今已经开展了三届。

教师：谢振宇、吴长福、王桢栋、佘寅、陈宏、周友超、汪浩、孙光临、魏巍、陈泳、龚华、沐小虎、王方戟、刘敏、周晓红、陈强、庄宇、郭安筑、Harry

1

1. 张克、郝伟勋，城市综合体设计，效果图。
2. 徐洲、梁以伊，城市综合体设计，模型图。

2

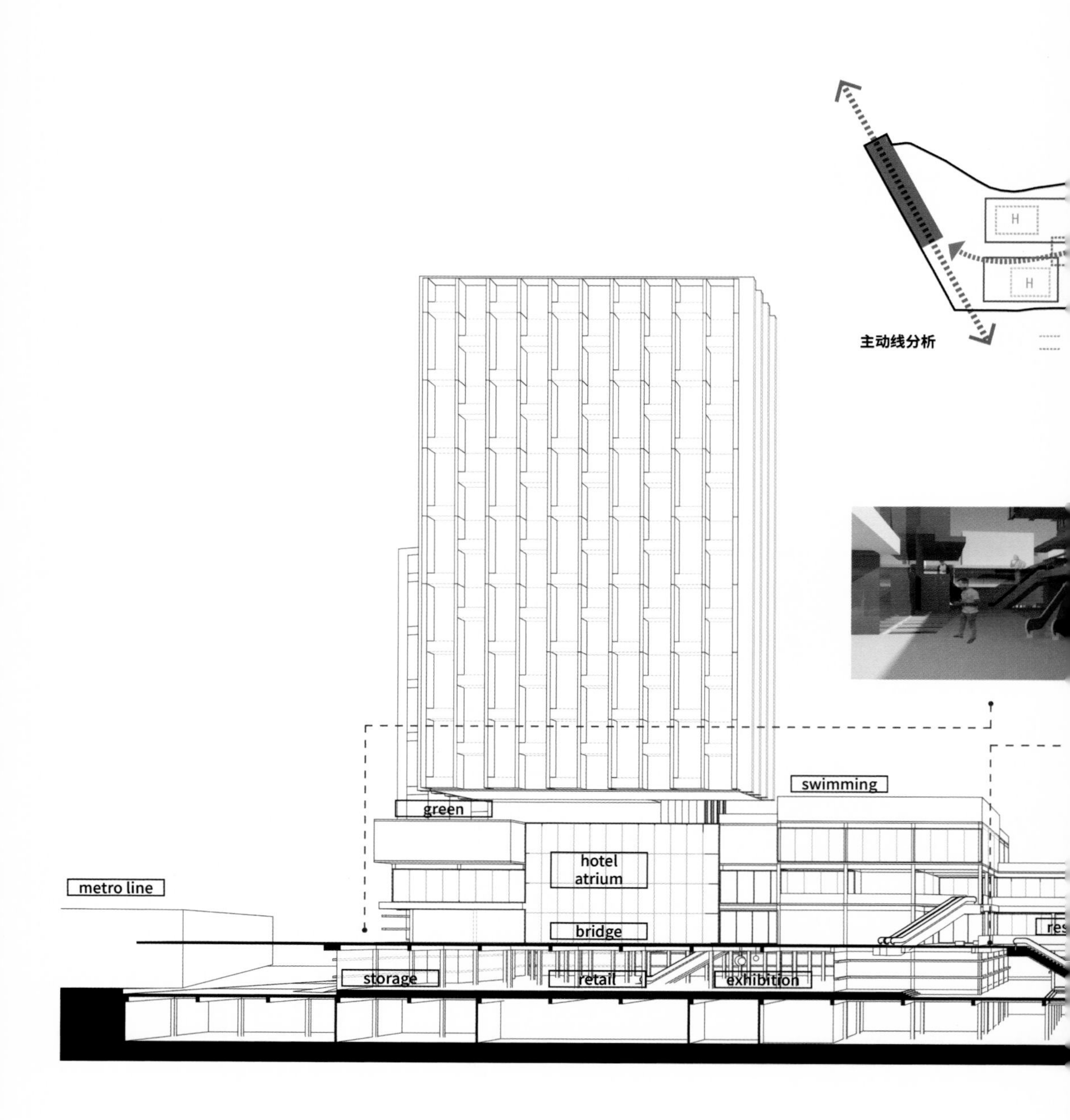

3. 王林、陈元，城市综合体设计，主动线分析图。

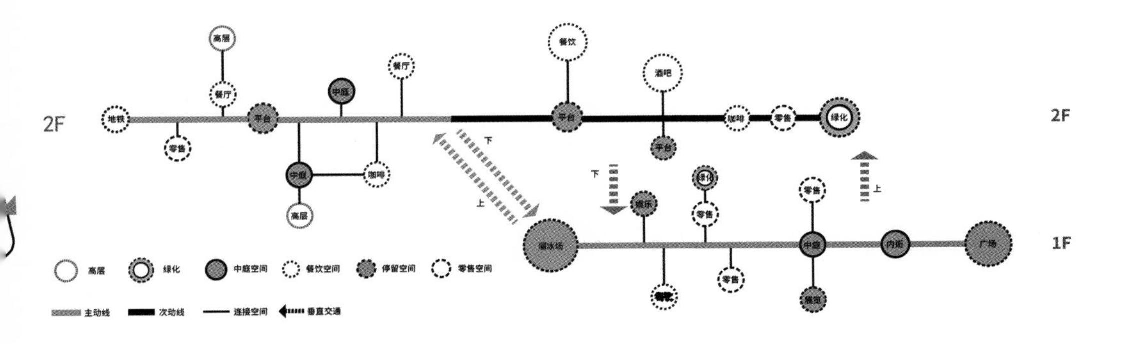
2F
高层
餐厅
餐厅
中庭
餐饮
酒吧
地铁
平台
平台
咖啡
零售
绿化
2F
零售
平台
下
中庭
咖啡
下
绿化
零售
上
上
娱乐
零售
高层
溜冰场
中庭
内街
广场
1F
零售
展览
高层
绿化
中庭空间
餐饮空间
停留空间
零售空间
主动线
次动线
连接空间
垂直交通

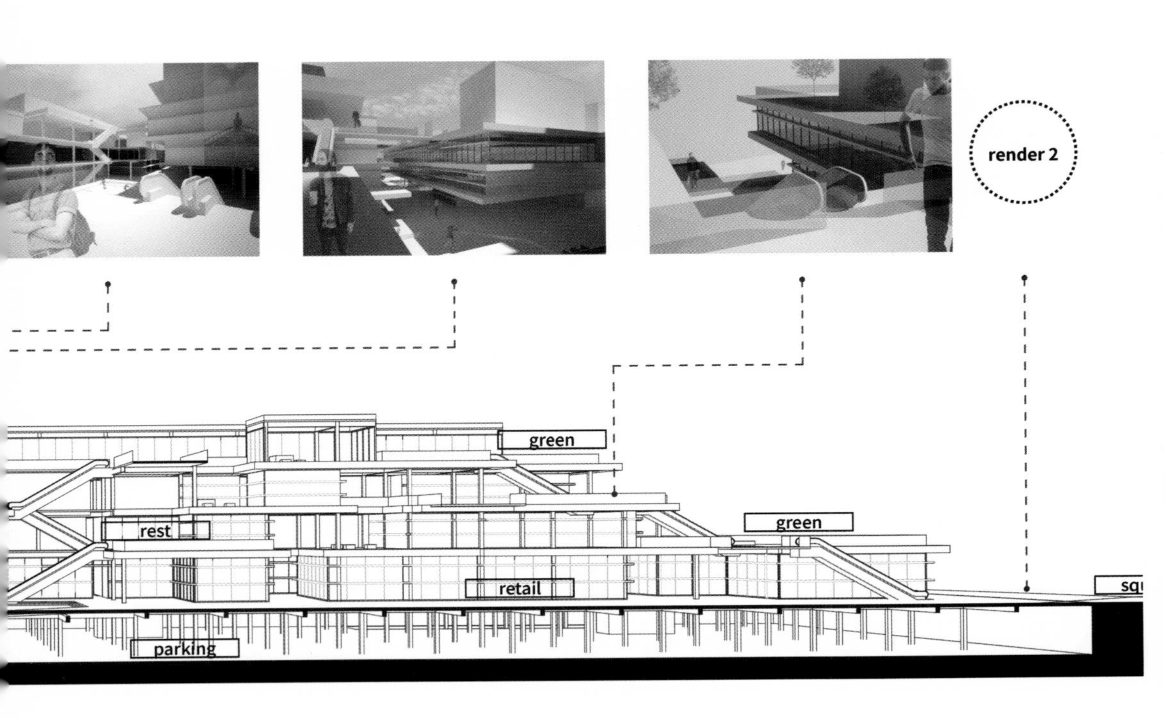
render 2
green
rest
green
retail
parking

3

居住区规划与住宅设计

作为建筑学本科高年级的专业核心课程，四年级的住区规划与住宅设计（以下简称“住区”）课程的教学目标是以综合专业能力为基础，完善过程组织，追求设计思维创新。

综合专业能力是建筑学教育的基础。在住区课程中的综合专业能力包括了解城市住区修建性详细规划的基本要求，并初步掌握以10个知识点为代表的相关规范、规划结构、功能布局、空间组织、形态材料、景观要素、日照分析、经济技术指标等方面的内容。住区课程要求需掌握居住区规划的全过程设计组织。设计过程强调团队合作协同，并落实到田野调查、规划设计、模型表达、交流汇报、图纸表现的每一个阶段。设计思维创新强调内容、概念必须落实在空间设计中，并充分体现理念和概念在设计中的契合度。

教师：姚栋

1. 郑星骅、汪晶晶、杨柳青青，居住区规划及建筑设计 · 同济新村更新设计，效果图。
2. 郑星骅、汪晶晶、杨柳青青，居住区规划及建筑设计 · 同济新村更新设计，立面图。

城市设计

“城市设计”是建筑系本科专业设计主干课程的最后环节，在学生基本掌握大中型建筑的设计方法和综合能力的基础上，学习城市空间分析和城市形态设计的基本技巧与方法，帮助学生了解复杂城市环境的构成要素及基本规律。同时，通过对城市空间与建筑形态的互动研究，以公共空间塑造为核心，探索城市形态各要素之间的耦合机制，从更大范围思考城市整体环境的形成规律。

设计基地东临西安路和旅顺路，北抵东汉阳路，西倚南浔路，南至东大名路，总占地约 12.3hm^2，其中东长治路北侧 A 街区 5.6hm^2，南侧 B 街区 6.7hm^2。任务要求对此地区进行保护性复兴建设，除了对基地保留建筑考虑功能置换之外，街区 A 拟增建筑面积约 6 万 m^2，街区 B 约 4 万 m^2，功能包括创意办公、特色宾馆、商业购物、休闲餐饮和影视娱乐及文化展示等，建筑限高 100 m。本课题从 2013 年开始，目前是第二届。

教师：陈泳、庄宇、许凯、戴颂华、姚栋、王红军、王一、杨春侠、董春方、沙永杰、罗兰、陆地、张凡、Harry、张鹏

1. 钱静、张家宁、陈泓少、洪安萱，顺水行人——上海北外滩虹口港地区城市设计，基地功能分区图。
2. 钱静、张家宁、陈泓少、洪安萱，顺水行人——上海北外滩虹口港地区城市设计，基地建筑类型分析图。

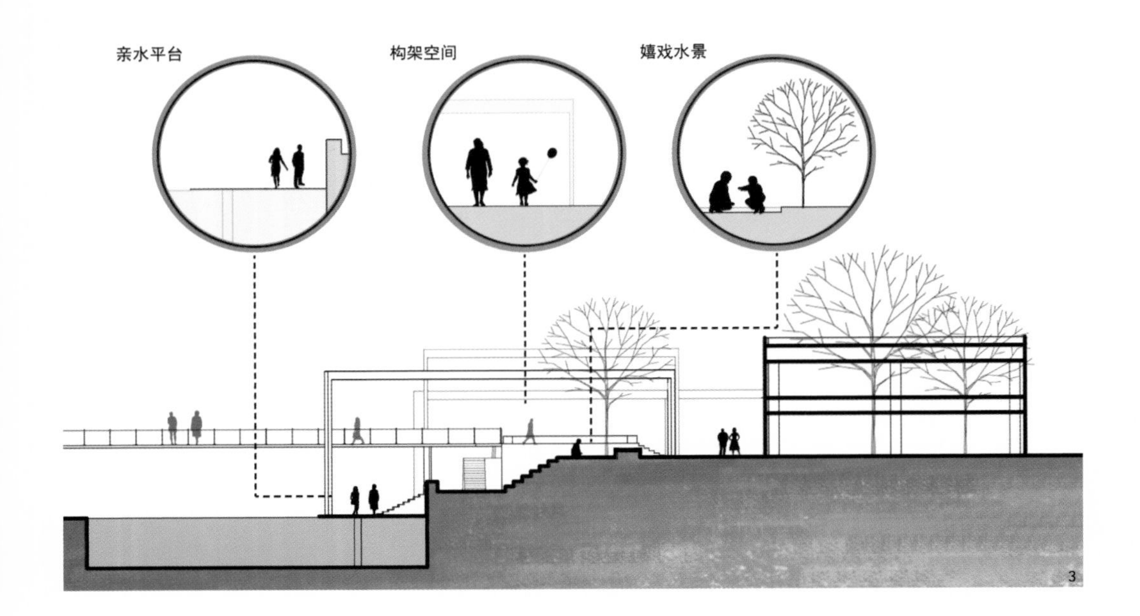

3. 罗君临、柳兰萱，纽带——上海北外滩虹口港地区城市设计——城市要素整合的依据和方法，滨河亲水休闲空间。
4、5. 张润泽、梁宇，近水而市，沿港以集——上海北外滩虹口港地区城市设计 A 地块东区，剖立面。
6. 钱静、张家宁、陈泓少、洪安萱，顺水行人——上海北外滩虹口港地区城市设计，鸟瞰图。

6

自选题

绿色总领馆——美国驻上海总领事馆建筑方案设计

美国驻上海总领事馆拟在世博滨江地区“耀元路—耀龙路”新建领事馆及附属用房，总建筑面积 18 000m²，基地面积 2.7hm²。设计要求成为绿色领事馆且体现美国文化的特点，处理好功能布局问题，处理好建筑与自然环境等关系，处理好安全防护的要求，处理好绿色建筑技术在设计中的运用。并符合相关规范要求。

本课题设有 5 个教学目标：

城市设计

了解外交建筑在城市设计层面的基本要求，初步掌握相关规范、功能布局、空间组织、形态材料、景观要素、日照分析、经济技术指标等方面的内容。

建筑设计

掌握外交建筑设计的基本要求，培养复杂功能和建筑空间融合的能力，了解外交建筑的类型发展、功能要素、空间形态、建筑防火等方面的要求。

关键因素

学习不同文化对建筑的诉求。重点掌握外交建筑在绿色技术、城市文化、功能布局、安全防护四方面的设计原理及方法。

绿色建筑

掌握绿色建筑设计技术，学习绿色建筑（被动式建筑、产能建筑及分布式太阳能设备等）的设计方法。

设计组织

强调团队合作设计的组织与协调，提高基地调研、程序规划、模型表达、交流汇报、图纸表现的综合能力。

教师：李振宇

1. 张灏宸，包裹——绿色领事馆设计，效果图。

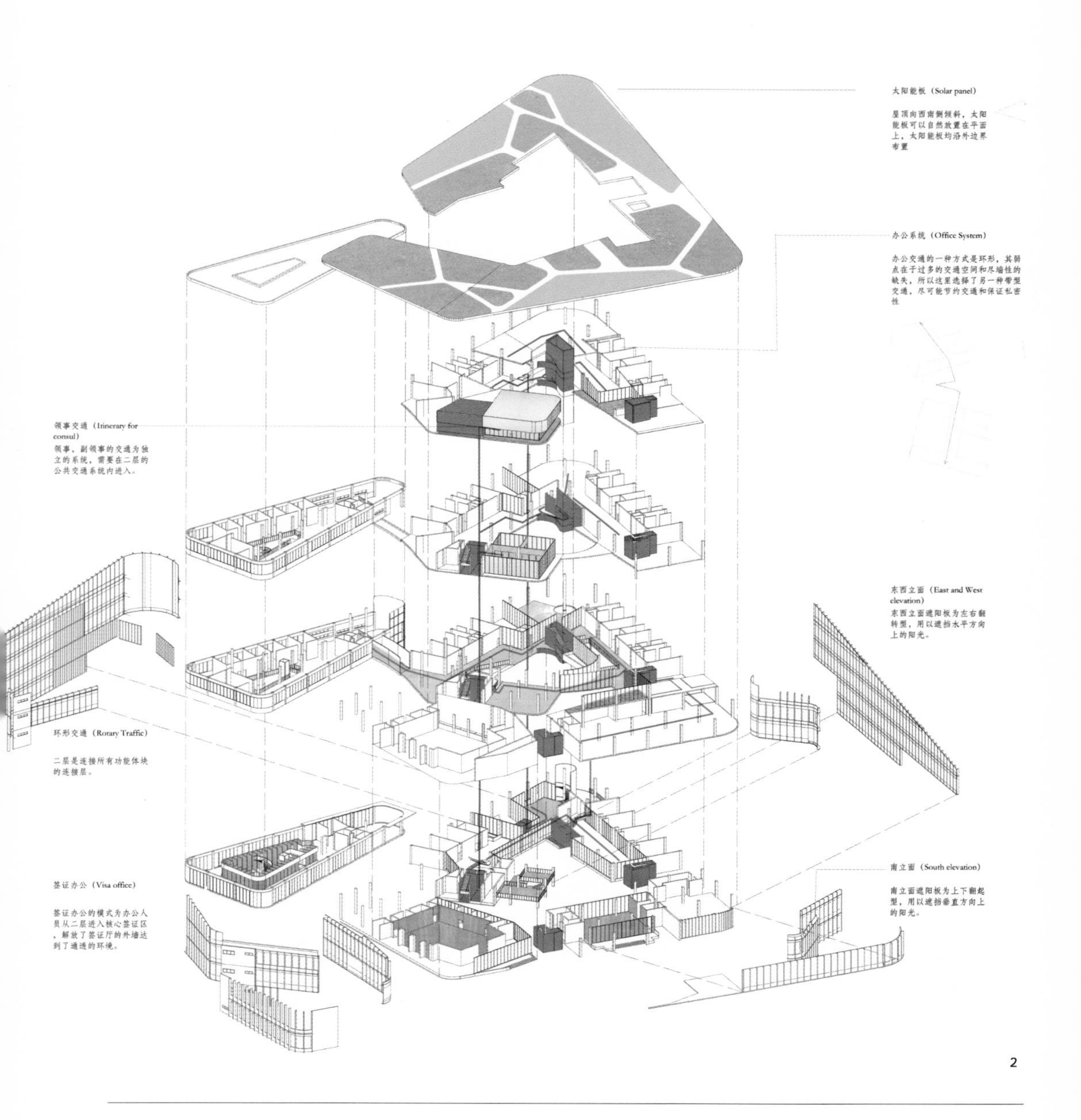

2. 张灏宸，包裹——绿色领事馆设计，分解图。

社区综合体的循证

“社区综合体循证设计”课程，系国内首次在课程设计中主打“循证设计”（Evidence Based Design）的理念，也是首次将如此复杂的设计任务直接置于行为学支持的调研方法的思路下的一次尝试。基地选为杨浦区永吉路社区综合体所在场地。社区综合体已经建成，本课题提出对社区综合体重新构想，把已建成的社区综合体作为一个调研的重要资源。我们希望学生通过调研能够发现既有菜场和商业设施的优缺点，增强对社区的关注和研究，在行为学为主导的方法论影响下，让学生们经历一次从日常观察、调研分析到设计的全过程。

教学的理论背景是根植于存量规划时代追求小、精、有趣和注重常民美学的建筑设计趋势，通过研究达成使用者为本的设计目标。在后布扎体系的时代，我们希望学生能反省性地以更加多元的角度，抵抗建筑学话语范式中的“零度化”倾向，融入社区居民的日常生活，和使用者与居民打成一片，同时对设计的主要依据和理念进行严谨的考据、考现，进行有的放矢的设计。

教师：徐磊青

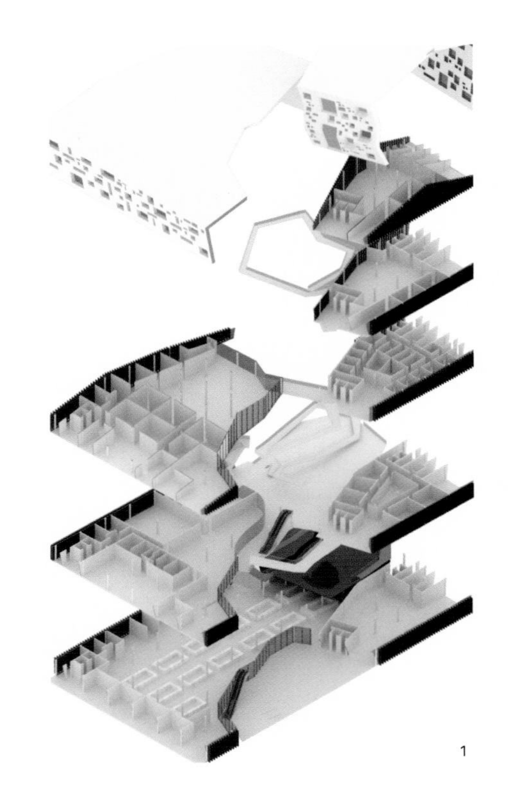

1

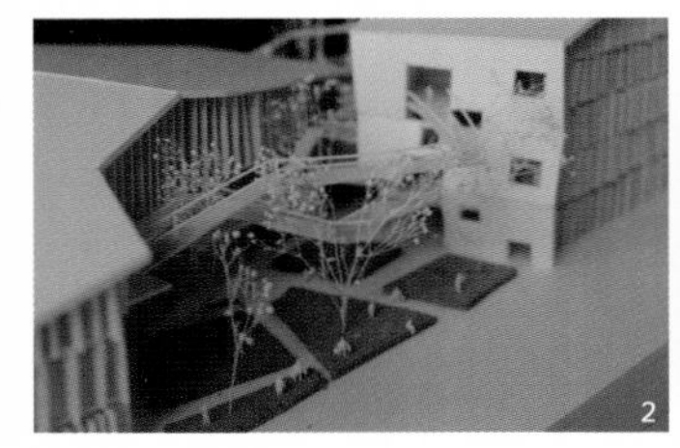

2

3

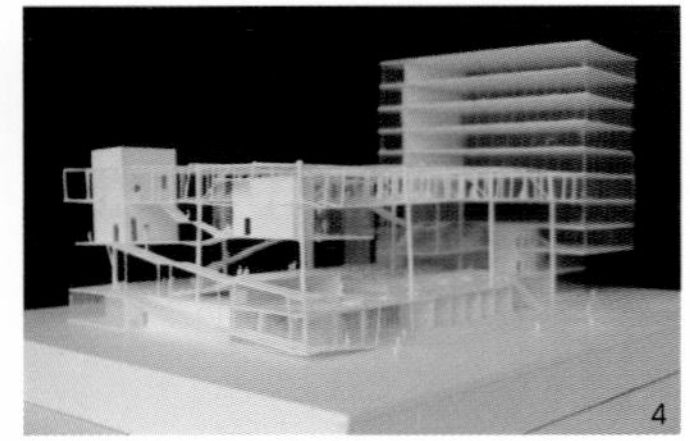

4

1. 刘一萱，永吉路社区综合体设计，功能分解图。
2. 刘一萱，永吉路社区综合体设计，模型图。
3. 潘奕欣，聚·院——上海延吉社区调研报告与综合体设计，模型图。
4. 乔诚文，游园集市——综合体设计，模型图。

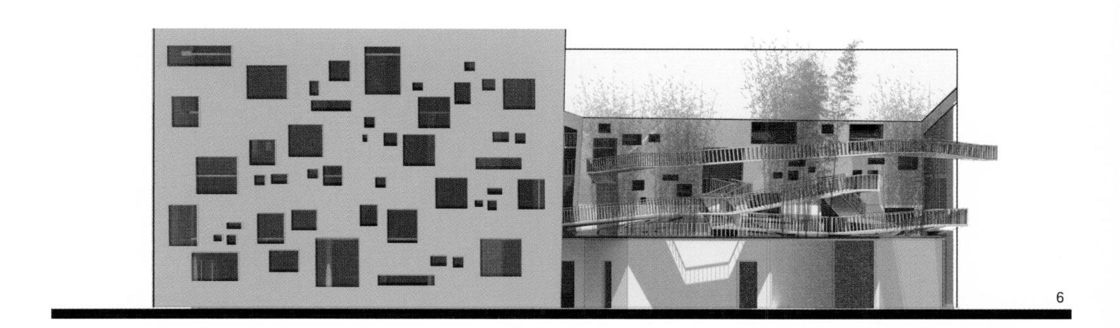

5—7. 刘一萱，永吉路社区综合体设计，立面图。

上海新邻里单元研究及改造（研究型设计）

“都市主义”（Urbanism）是西方建成环境研究中一个独立的领域。以卡尔索普与杜安尼为代表人物的“新都市主义”是近20年发展起来的颇具影响力的城市研究流派。它是一门以形态学、类型学、现象学与社会学为基础，研究“都市性”（Urbanity）的空间与形式条件的学科。作为一门“研究＋设计”的专题设计课程，本课题确定以城市建筑学的方法、立场与态度为基础，以案例研究、自选址设计与设计导则编制为分项任务，提出修复邻里空间、重构社区的空间营建指导原则与范例。本课题从公共利益与人本主义（Humanist）理想出发，反思大资本介入下的社区营建，提倡一定范围内的步行生活与多样的社区功能混合，支持公共交通系统与城市的进一步融合，构建当代中国的新邻里单位形式。

作为一个研究与设计结合的专题设计，本课程设计由专题研究、案例研究与自选址城市设计三方面内容构成。最后这三项练习会整合成一个完整的研究报告而非方案设计。六位学生在专题研究与案例研究中独立完成研究任务，但在自选址城市设计中将会组成两个小组，分别对选择的一个典型社区进行基地调查并发展出城市设计导则。案例研究要求学生对一种类型的社区形式进行实地调查与分析图解。

教师：张永和、谭峥

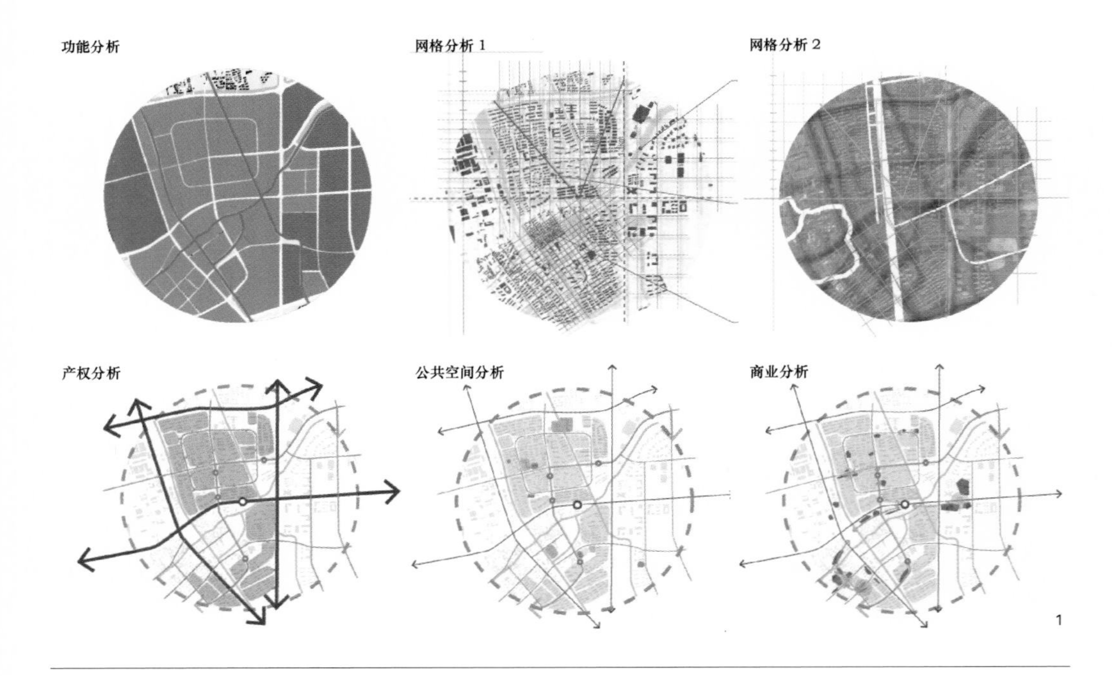

1. 叶心成、糜慕蓉、何进，广谱城市的新邻里单元——张江社区邻里研究及城市空间介入，基地分析。

同济大学嘉定校区综合体育馆设计

体育建筑设计对于培养学生的综合设计能力、建筑技术观及全面的建筑观，都是很好的训练课题。本课程的设计任务是在同济大学嘉定校区新建一座综合体育馆，用以满足学生教学、训练、比赛及市级体育比赛的要求。体育馆总建筑面积：10 000 ~ 12 000m^2；比赛厅：3 000 ~ 3 500 人；比赛场地面积：48m × 36m。

本课程设计的宗旨是：掌握体育建筑的一般功能特点、空间构成及流线组织；培养学生生态和建筑技术意识，深入了解各项生态节能技术与材料；培养学生全面的建筑观，深入理解建筑的本质，在设计中，努力探寻建筑造型、结构选型及使用空间的巧妙结合；初步了解体育建筑开闭屋盖的设计原理。

教师：钱锋、徐洪涛

1. 刘浔，嘉定校区体育馆设计，渲染图。
2. 何啸东，吸引力——同济大学体育馆设计，渲染图。

装配式公共建筑节能设计

该课题是与苏州大学金螳螂建筑与城市环境学院毕业班进行的实验性联合设计课程。基地选在苏州山塘街西段，基地面积约 3 000m^2，设计任务是建造一座面积在 3 000m^2 以下的社区中心，具体功能由学生自定。课题的任务需要结合当地历史人文环境，处理好社区中心与当地山塘传统建筑群落的关系，协调好新老建筑之间的风格和形式；利用装配式建筑和节能设计的概念方法尝试社区中心的设计和建设，为老建筑，特别是历史文化名城的恢复重建和可持续发展寻求解决途径。在设计中，需要借助 Revit、Airpack、Ecotect 等软件的模拟来验证技术节能的可行性。

教师：陈镌、金倩

1. 张晗婧，宿・居——传统技艺修习社区，剖面图。

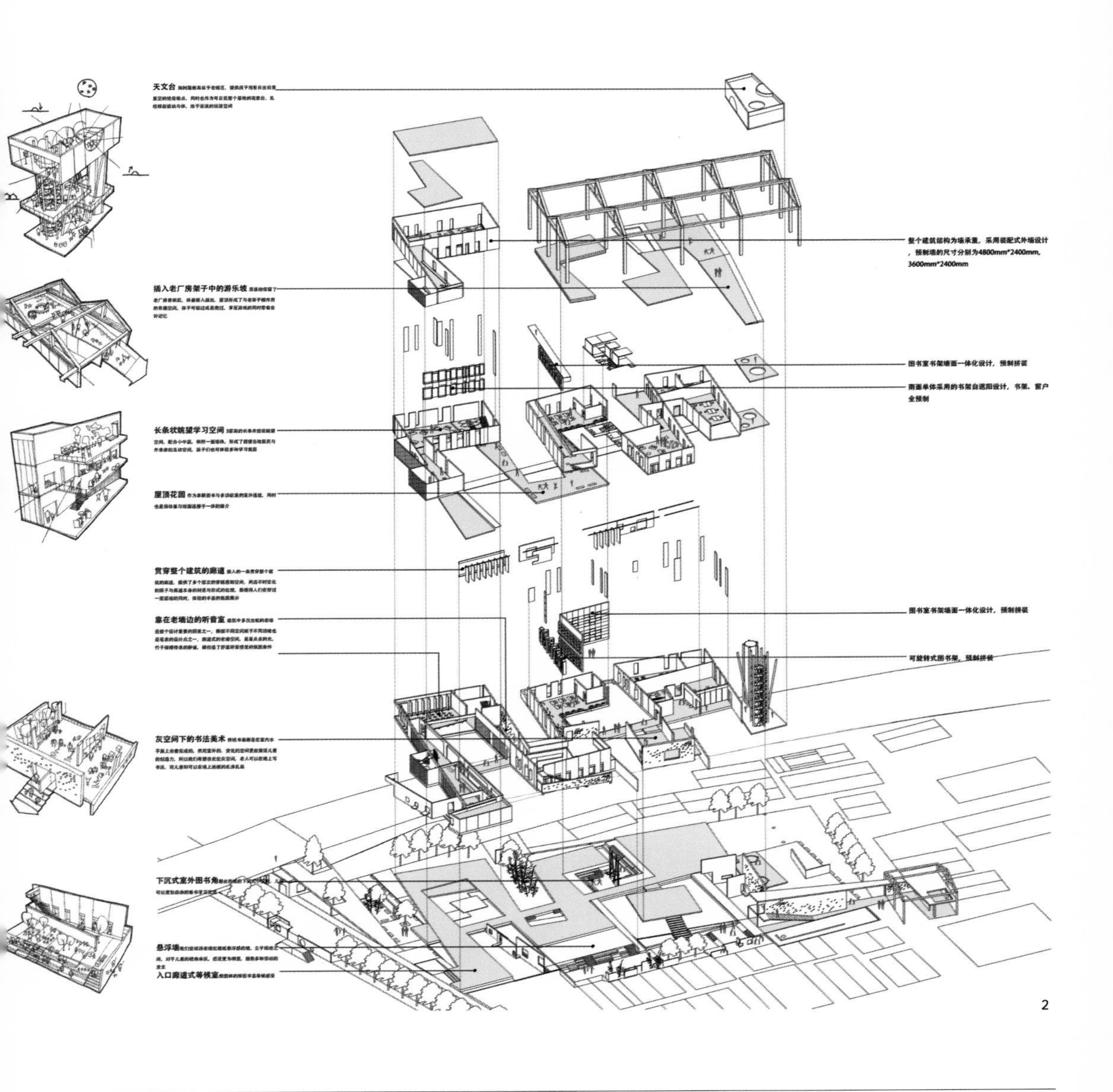

2. 傅容、孙一桐，装配式公共建筑节能设计，装配式概念。

同济大学建筑与城市规划学院 B 楼综合整治设计

基地即同济大学建筑与城市规划学院 ABCD 广场及 B 楼。任务要求学生以环境行为学的理论为基础，通过对建筑城规学院的日常使用过程进行实证调研并分析其结果，对 ABCD 广场的室外环境进行整体规划，并对 B 楼的内部空间进行综合整治设计（含与其他楼的连接部分）的方案。

本课题从 2009 年开始，今年已经是第 6 届了。作为从高年级学生的设计课程，希望学生能够在提高形态、空间、功能等基本设计能力的同时，训练在复杂条件下，通过调研，发现并分析空间使用中问题的能力；培养用建筑设计的方法应对多种矛盾的能力；培养基于人与环境关系的综合的、动态的设计思想，最终强化对设计过程及设计理念生成方法的理解，以适应今后建筑设计进入存量优化阶段的新形势。

教师：李斌、李华

1. 刘昕雯、金春旭，渗透——流动的学憩空间，中庭透视图。
2. 张谱、包宇，每一天的红楼，事件 & 流线。

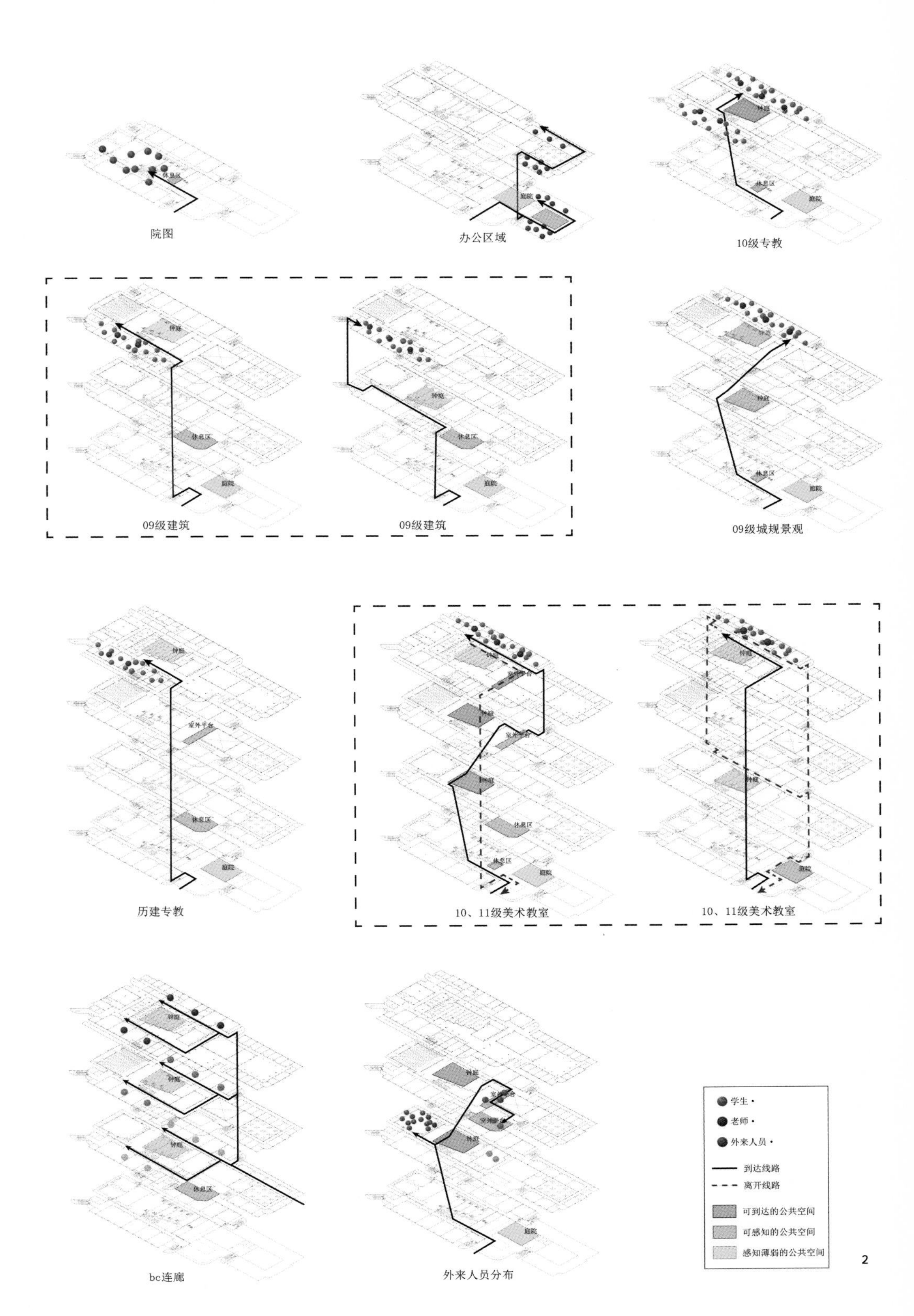
休息区
院图
庭院
办公区域
钟庭
休息区
庭院
10级专教
钟庭
钟庭
休息区
庭院
09级建筑
钟庭
钟庭
休息区
庭院
09级建筑
钟庭
钟庭
休息区
庭院
09级城规景观
钟庭
室外平台
休息区
庭院
历建专教
钟庭
室外平台
钟庭
室外平台
钟庭
休息区
休息区
庭院
10、11级美术教室
钟庭
钟庭
庭院
10、11级美术教室
钟庭
钟庭
钟庭
休息区
bc连廊
钟庭
室外平台
室外平台
钟庭
庭院
外来人员分布
学生
老师
外来人员
到达线路
离开线路
可到达的公共空间
可感知的公共空间
感知薄弱的公共空间

2

室内设计（1）——精品酒店室内设计

室内设计（1）的具体设计内容是“精品酒店室内设计”。通过本设计，要求学生在一定条件的制约下，学习运用设计元素和其他相关因素，表达项目的文化内涵和个性特征，以创造适应当代人的审美品位的、有趣的、温馨的酒店环境。在教学过程中，注重行为分析和平面布置的关系。在空间塑造和景观利用的基础上，研究材料细部、光环境、家具、陈设和艺术品等元素对整体室内形式的构成所起的作用与影响，并且学习室内设计深化和表达的方法。

设计可供选择的空间包括两处：无锡灵山禅修中心和位于国家风景旅游区的莫干山上海客堂间酒店基地。

教师：阮忠、冯宏

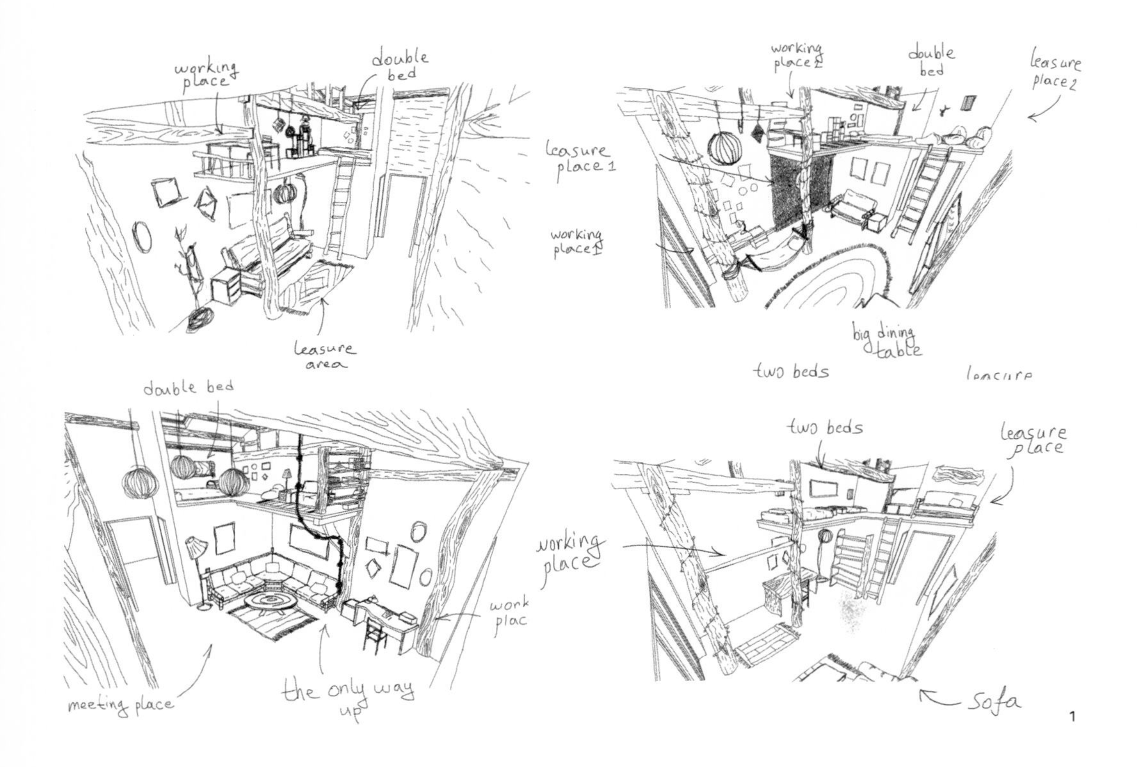

1. Tim Iman，室内设计，草图。

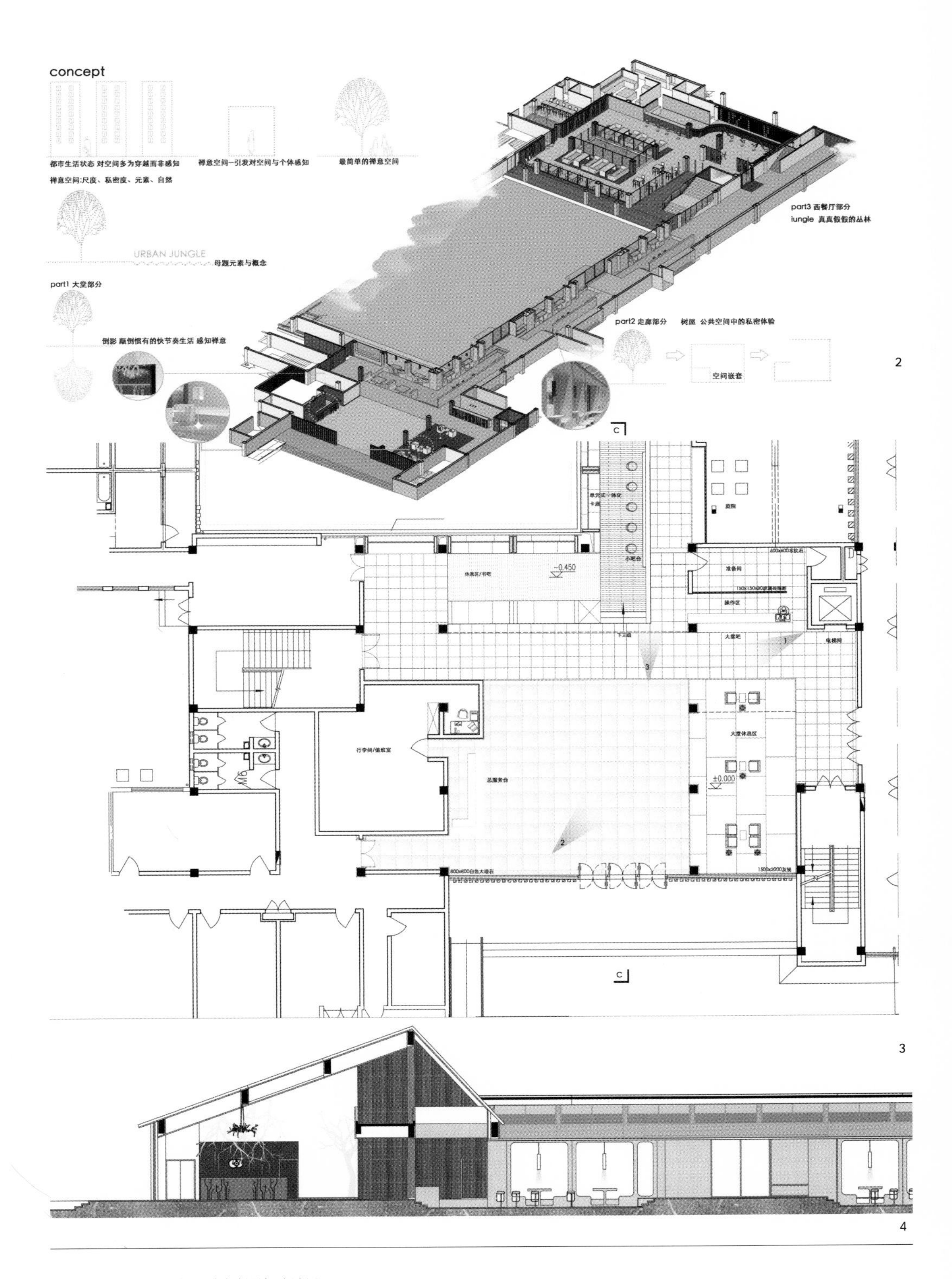

2. 潘思，Urban Jungle 精品酒店室内设计，概念图。
3. 潘思，Urban Jungle 精品酒店室内设计，大堂平面图。
4. 潘思，Urban Jungle 精品酒店室内设计，剖面图。

室内设计（2）——创意型办公室内设计

室内设计(2)的具体设计内容是“创意型办公室内设计”。设计项目位于上海金桥开发区某科技园区。要求学生将“以人为本”作为设计的出发点，研究创意型公司的企业文化和内部人员的行为特点，并在空间设计方面对这种要求做出回应。教学方法上注重理性分析，学习运用模型和图形分析的方法，思考和探究设计问题。制定多个设计节点启发学生进行设计深化工作，这些节点包括：平面空间分析、界面设计分析、细部设计解析、灯光设计分析、以及材料和家具的选择，等等。

在整体空间平面设计的基础上，需深化的设计空间包括：电梯厅、门厅接待、公司内部部分公共空间和会议室等。

教师：阮忠、冯宏

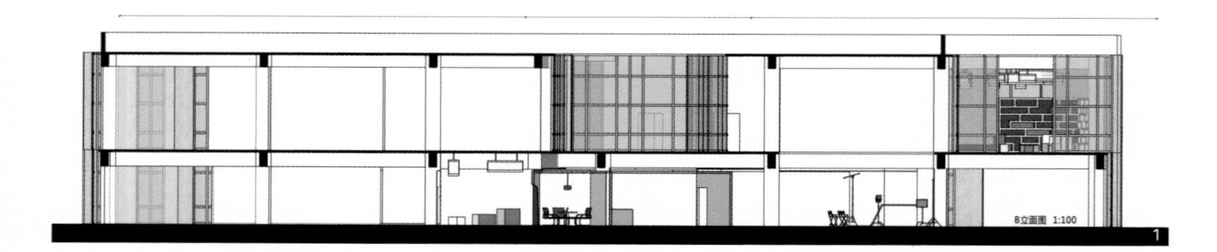

1. 华歆，创意型办公室设计，立面图。
2、3. 华歆，创意型办公室设计，渲染图。

品牌服饰专卖店设计

品牌服饰专卖店室内设计，选址位于静安区南京西路南汇路转角处老建筑底层，建筑面积约 100m^2，层高 4m。课程设计内容包括对现有空间在建筑中的区域位置、空间结构、商业定位等进行调研分析和策划并完成品牌服饰专卖店的店面及室内设计。作为建筑学（室内设计方向）学生的室内设计入门课题，本课程要求学生掌握室内设计的基本原理和空间构成要素，通过分析专卖店的品牌形象、行为心理、空间模式、材料细部、光线色彩、家具陈设等组成，提高对室内设计的空间个性、文化内涵和审美体验的综合认识，从而完成具有空间主题的创意设计和表达。教学周期分为二个阶段：第一阶段 3.5 周，由 2~3 名同学一组，完成对现有品牌专卖店的空间体验和专案采集；第二阶段 5 周，分组或独立完成自选品牌服饰专卖店店面及室内设计，绘制室内设计图纸以及 1 ：30 的室内模型。

教师：冯宏

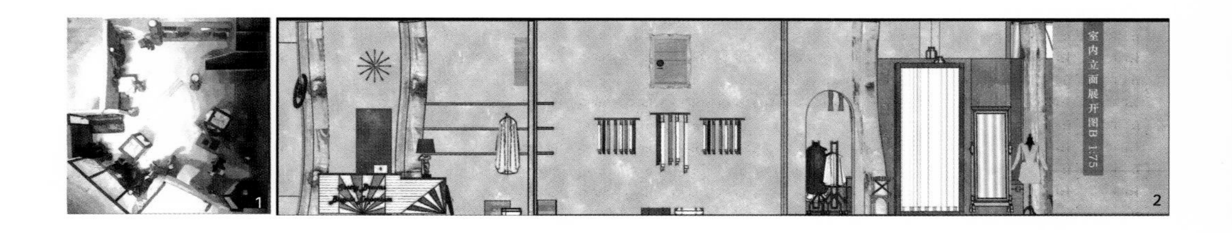

1、3、4. 马潇潇，服饰专卖店设计，模型图。
2. 马潇潇，服饰专卖店设计，立面图。

专题小组

响应式几何声学空间设计

课程选取同济大学建筑与城市规划学院C楼门厅空间为场地，对该空间的声学特点进行分析，然后自定声学目标进行一个小型声学空间设计。定量的声学性能模拟和针对声学参数的响应式设计是本课程设计的核心，同时，本课题要求学生将设计成果运用数字建造工具进行1：1的建造，这要求学生将设计深入建造层面，并且对材料、数字建造工具和建造手段以及对建造过程有较深入的掌握。

教师：袁烽

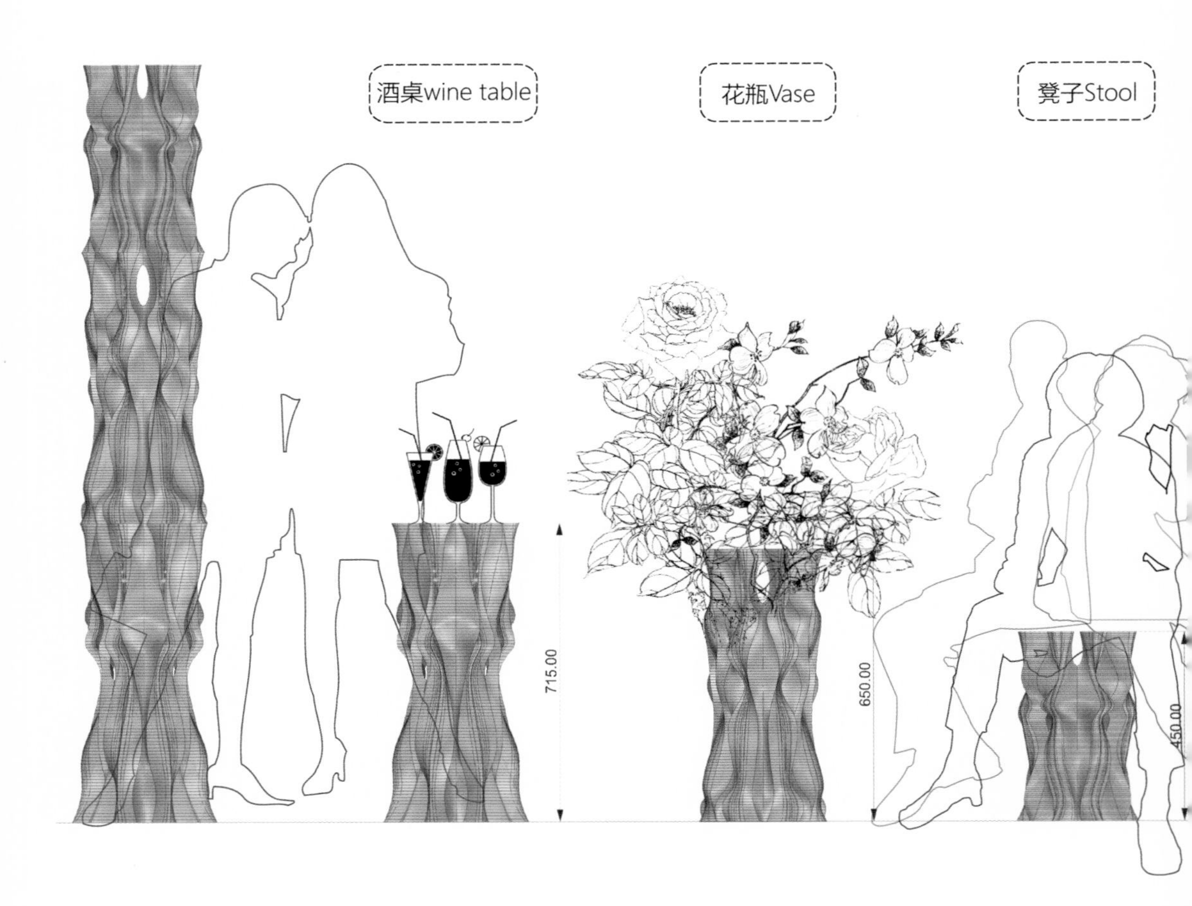

1. 赵耀、董新基、吴林，响应式几何声学空间设计，腔体组合设计。

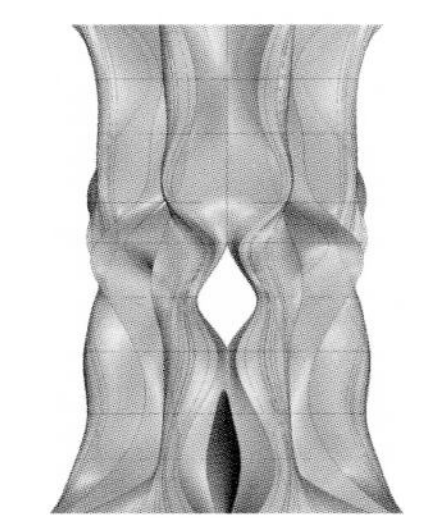

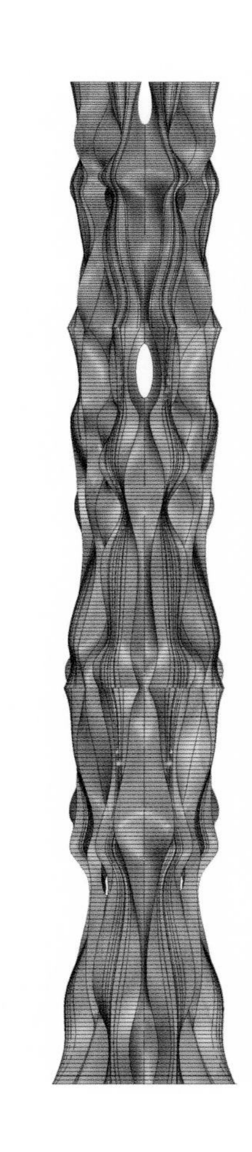

1

2

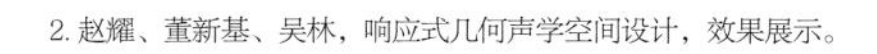

2. 赵耀、董新基、吴林，响应式几何声学空间设计，效果展示。

嘈杂的城市（大量噪声进入人耳） ——→ 城郊（部分植被，遮挡一些噪音） ——→ 树林（静谧、枝叶浓密、情切、阳光斑驳的感受）

3、4. 张润泽、丁一、李慧妮，透明的声音，氛围、形态及声学原型研究。
5. 张润泽、丁一、李慧妮，透明的声音，建构逻辑。

6. 张润泽、丁一、李慧妮，透明的声音，实际效果。

Graduation Design

毕业设计

同济大学建筑系2015年度毕业设计共有来自建筑学和历史建筑保护工程专业的164名本科学生参加。在此展示的是这164名学生在29位老师的指导下，经过16周的教学活动，历经开学动员、课题选择、现场调研、中期检查、深化设计等一系列教学环节而最终完成的工作成果。

毕业设计是本科专业学习的最后一个环节，它是对学生完成本科学习走向社会或者继续深造前所具备的专业素质、能力和知识的一次综合演练，也是对专业教学质量的一次集中检验。本次毕业设计的课题，有的从大尺度的城市环境出发，逐步聚焦于小尺度的日常生活空间，有的从小尺度的建筑为起点，思考建筑与城市、建筑与环境的复杂关系，有的放眼世界展望城市建筑的未来图景，有的立足地域传统探讨历史遗产的生命延续。围绕这些课题，学生们深入研究建筑与环境、空间与人、结构与建造等本质问题，体现了我们对于毕业设计教学综合性、实践性和创新性的持续关注。

表1. 2015年度毕业设计课题分组情况列表

	建筑学专业		
	设计题目	小组成员	指导教师
1	语境——云南大理古城北水库区域城市更新设计	林哲涵、王轶、蔡宣皓、杜超瑜	张建龙
2	语境——云南大理古城北水库区域城市更新设计	龚运城、程婧瑶、常婉悦、汪晶晶	李翔宁
3	语境——云南大理古城北水库区域城市更新设计	彭书勉、黄嘉萱、姜晗笑、沈彬	孙澄宇
4	垂直亚洲城市国际竞赛——Everyone Contributes	郑星骅、梁宇、王建桥、崔婧、梁芊荟、刘庆	姚　栋
5	垂直亚洲城市国际竞赛——Everyone Contributes	韩雪松、刘含、方荣靖、邝远霄、范雅婷、夏孔深	李麟学
6	仙居度假酒店建筑设计	张弛、张松岳、王祥、刘欣朋、周黄政、吕宇	徐　风
7	西塘水巷——小型综合类建筑及景观环境设计	黄闽君、贾聿哲、任翔宇、李汉彬、陆叶、张凤嘉	董春方
8	LOGCITY——KEY OF EUROPA	张倩蓉、钱家文、蒋帅、赵亚东、牟博、丁俊杰	曲翠松
9	LOGCITY——KEY OF EUROPA	曾思源、邓可田、褚莹斐、徐政、胥慧莹、李缘园	金　倩
10	慕尼黑中德文化交流中心设计	唐韵、伍雨禾、陈迪佳、黄艺杰	王　珂
11	上海北外滩下海庙地区城市与建筑设计	金壮俙、迪栋、任京洙、祁达、冯艳玲、张陈承	张　凡

续表 1

建筑学专业		
设计题目	小组成员	指导教师
12 上海市长宁区定西路西侧区域改造设计	刘一敬、曹盼盼、陆一栋、程轩、章雨田、王紫霓	蔡永洁
13 扬州普哈丁园与南侧设计与改造	娄天、陆盈丹、索明丽、敖能、郑晓义、茹楷	曹庆三
14 中尺度城市更新实验·重塑工人新村城市区域	张涛、金振涛、魏逸飞、袁野、李晨、蒋竹翌	沙永杰
15 金山枫泾镇某项目设计	王静诗、吴润泽、魏天意、陶思远、王智吏、杨雍恩	戴松茁
16 平邑市民文体中心综合体育馆建筑设计	周鉴云、贾程越、孙磊、哈简、卢欣杰、柯心然	李茂海
17 中国乒乓球学院综合楼建筑方案设计	邱子钰、潘逸瀚、王国远、单浩然、张天祺、孙洋	杨　峰
18 居住建筑方案生成机制设计	解天缘、桂铭泽、于圣飞、罗富缤	石永良
19 浦东新区北蔡镇 G 地块老年公寓调研设计	尹彦、罗蓝辉、王培清、周妙明、邹洁、王骁楠	李　华
20 MUSEUM OF FUTURE	刘浔、史纪、阿弥、汪黛玫、阿德烈特、爱努	郭安筑
21 演变——多样统一性中的地域、传统与现代	许逸绫、韩瑞、李定坤、何凌芳、孙安妮、李西蒙	鲁晨海
22 色彩研究展示馆——鼓浪屿现代建筑的创新整合设计	王思梦、包宇、郑陆申演、夏至、郭纯一、王若云	梅　青
23 工业遗产——南京晨光 1865 创意产业园环境设计	周怡、陈杰、张黎婷、马潇潇、马曼·哈山、吴晓飞	左　琰
24 医疗空间室内设计	王唯渊、张辰、周泽龙、张佳颖、吉雍祥	陈　易
25 医疗空间室内设计	华歆、朱佳周、吴佳越、黄海、薛洁楠	尤逸南

历史建筑保护工程专业		
设计题目	小组成员	指导教师
1 地扪村乡土建筑营造与遗产保护设计研究	张正秋、武晓宇、林笑涵、杨萌、洪菲、王俊超	王红军
2 洛阳涧西工业遗产带 10 号街坊保护与再生设计	武思雯、杨溪、王诗琪、王余丰、汪明澈、吕德轩	张　鹏
3 扬州花园巷历史街区保护更新概念设计	喻琳楠、杨婉琦、李泽辉、安以静、刘雨涵、廖嘉文	朱宇晖
4 上海近代石库门里弄公馆的营造分析与改造设计	杨珺卿、陈彦秀、江孟繁、严康妮	刘　刚

整合气候和能源考量的建筑设计生成研究
——中国乒乓球学院综合楼建筑方案设计

项目用地位于杨浦区的上海体育学院，地处上海市江湾历史文化风貌保护区。本课题要求通过学习和实践多学科交叉为特点的“可持续整合设计方法”(Sustainable Integrated Design Process) 初步掌握绿色（或称为环境可持续）建筑的相关知识和技能。希望学生在课题结束后应对环境高效能建筑设计的相关专业问题和解决途径获得清晰的了解。

通过为期16周的方案学习阶段，学生需要掌握办公建筑、旅馆建筑、展示建筑以及建筑综合体的建筑设计原理；合理运用建筑设计语言表达被动式节能环保的生态设计策略；借助数值模拟或缩尺模型试验等手段对上述生态策略进行量化评价等绿色建筑设计的一系列基本方法。

指导教师：杨峰

小组成员：邱子钰、潘逸瀚、王国远、单浩然、张天祺、孙洋

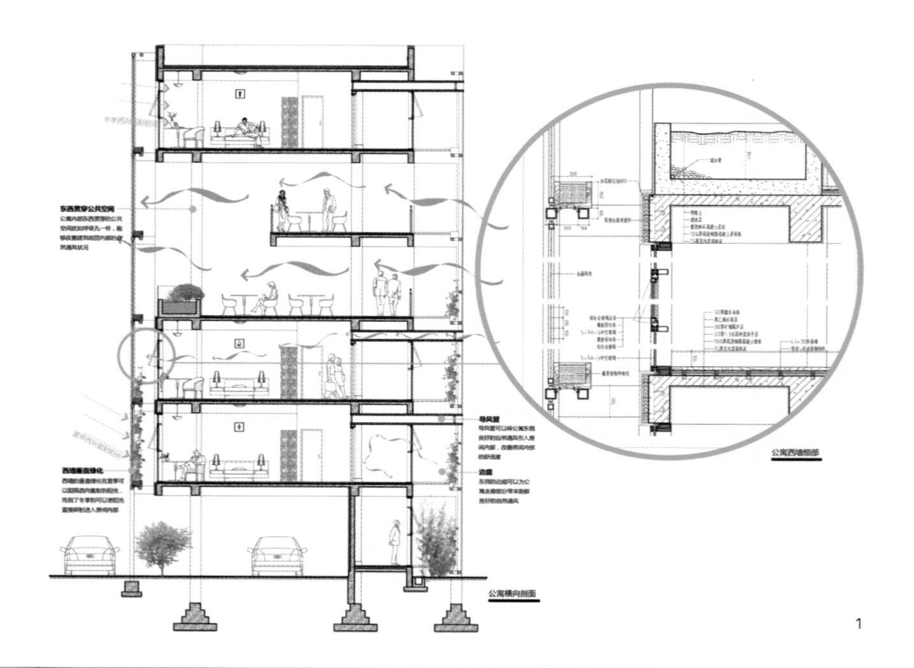

1

1. 王国远，中国乒乓球学院综合楼建筑方案设计，公寓横向剖面 & 公寓西墙西部。
2. 王国远，中国乒乓球学院综合楼建筑方案设计，办公南向剖面 & 办公中庭天窗西部 & 办公出挑会议室细部 & 办公南向立面细部。

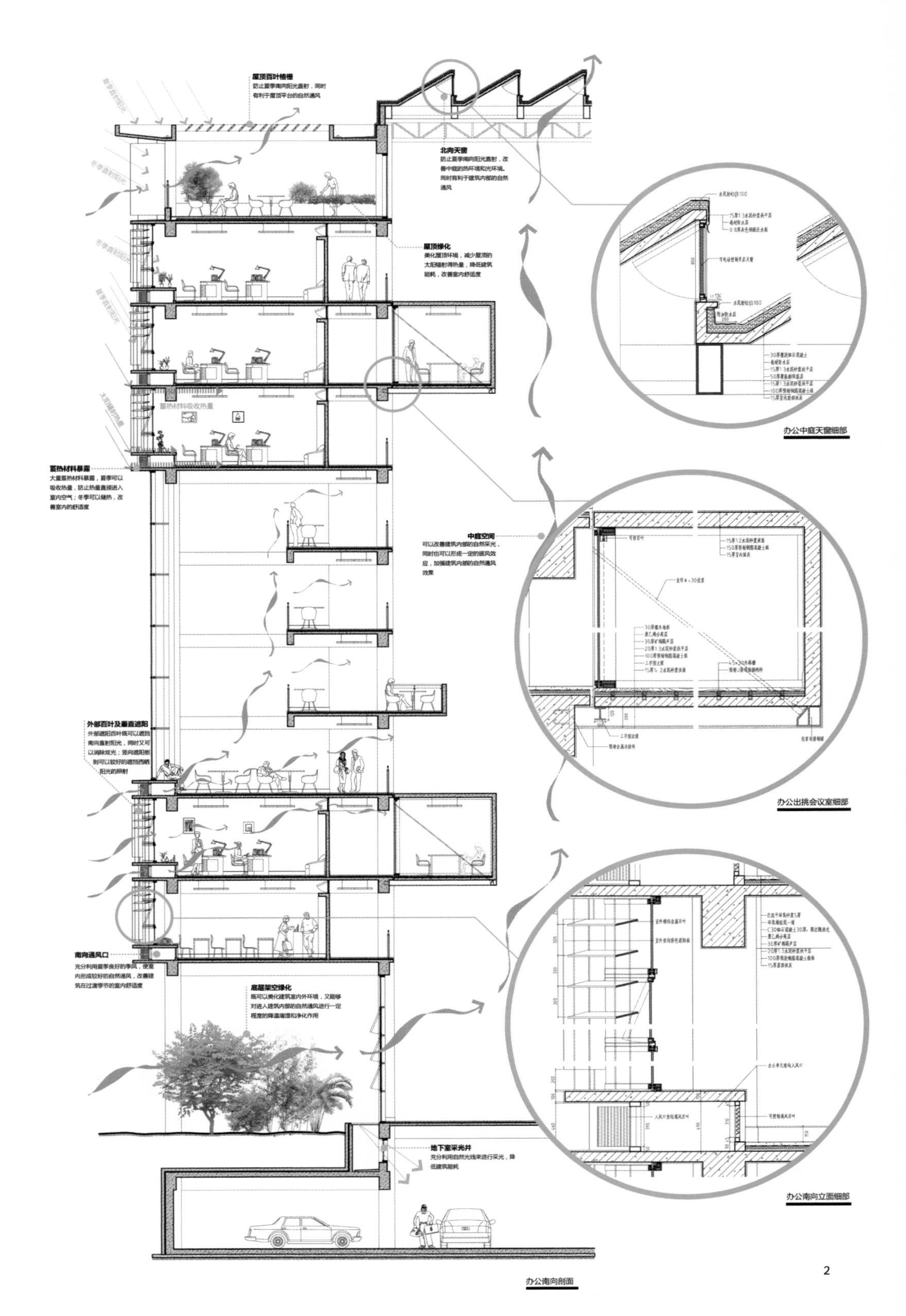
屋顶百叶格栅
防止夏季南向阳光直射，同时有利于屋顶平台的自然通风
北向天窗
防止夏季南向阳光直射，改善中庭的热环境和光环境。同时有利于建筑内部的自然通风
屋顶绿化
美化屋顶环境，减少屋顶的太阳辐射得热量，降低建筑能耗，改善室内舒适度
蓄热材料吸收热量
蓄热材料暴露
大量蓄热材料暴露，夏季可以吸收热量，防止热量直接进入室内空气；冬季可以储热，改善室内的舒适度
中庭空间
可以改善建筑内部的自然采光，同时也可以形成一定的拔风效应，加强建筑内部的自然通风效果
外部百叶及垂直遮阳
外部遮阳百叶既可以遮挡南向直射阳光，同时又可以消除炫光；竖向遮阳板则可以较好的遮挡西晒阳光的照射
南向通风口
充分利用夏季良好的季风，使室内形成较好的自然通风，改善建筑在过渡季节的室内舒适度
底层架空绿化
既可以美化建筑室内外环境，又能够对进入建筑内部的自然通风进行一定程度的降温增湿和净化作用
地下室采光井
充分利用自然光线来进行采光，降低建筑能耗
办公中庭天窗细部
办公出挑会议室细部
办公南向立面细部
办公南向剖面
2

未来博物馆

设计立意于未来，同时在当今技术以及文化的发展趋势下，探究建筑学所能产生的原型与类型，以及建筑的愿景与叙事，鼓励学生寻找建筑学与新兴学科、文化内容的对接方式，从研究中生成设计的逻辑。

作为建筑学五年级学生的毕业设计题目，本课题关注但并不局限于建筑设计的基本技法以及常规动作。相比之下，本课题对于建筑设计背后以及建筑学边缘学科的研究内容更感兴趣。“未来博物馆”设计鼓励学生在发展建筑动机、实施建筑设计动作之前，对某一感兴趣的领域进行背景研究。这些研究内容并不局限于建筑学内涵，同时也包含当下技术与社会背景下的热门内容，比如互联网社区与云端、虚拟现实与超现实、新媒体技术与数字展示、人机未来与“奇点理论”、机器人建造与数字算法……这些相关的题目可以认为是建筑学的外延，这些背景的研究将是建筑设计的极佳切入点。

学生对于这些问题进行主动的研究，指导老师辅导学生将研究的内容发展成为一个完整翔实的设计作品。通过丰富的学习途径以及主动的学习态度，这个研究型设计将帮助学生收获一个具有特殊意义的毕业作品。

指导教师：郭安筑

小组成员：刘浔、史纪、阿弥、汪黛玫、阿德烈特、爱努

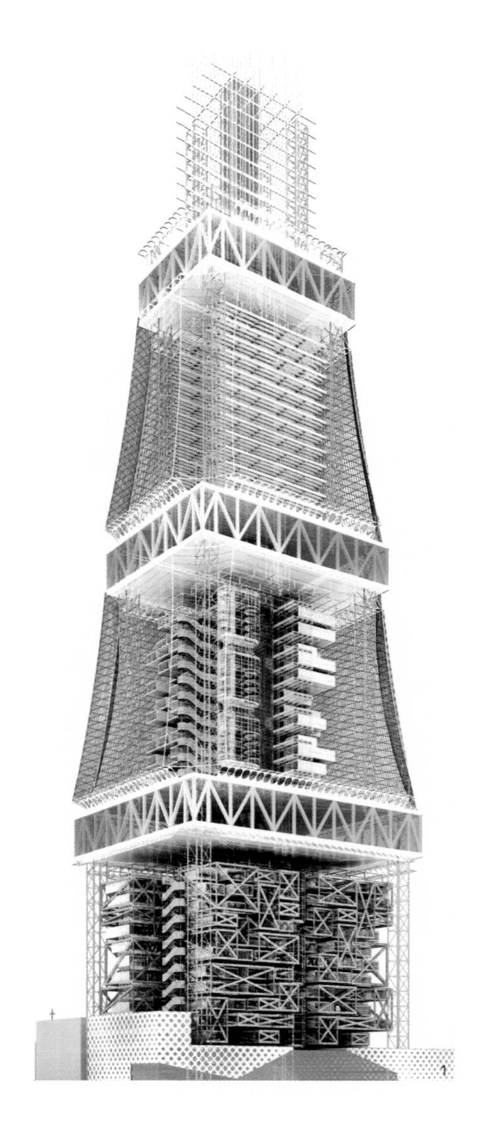

1. 史纪，世界 2115——机器未来的愿景与旧时光的缅怀，模型渲染图。
2. 史纪，世界 2115——机器未来的愿景与旧时光的缅怀，建造过程图。
3. 史纪，世界 2115——机器未来的愿景与旧时光的缅怀，剖面图。

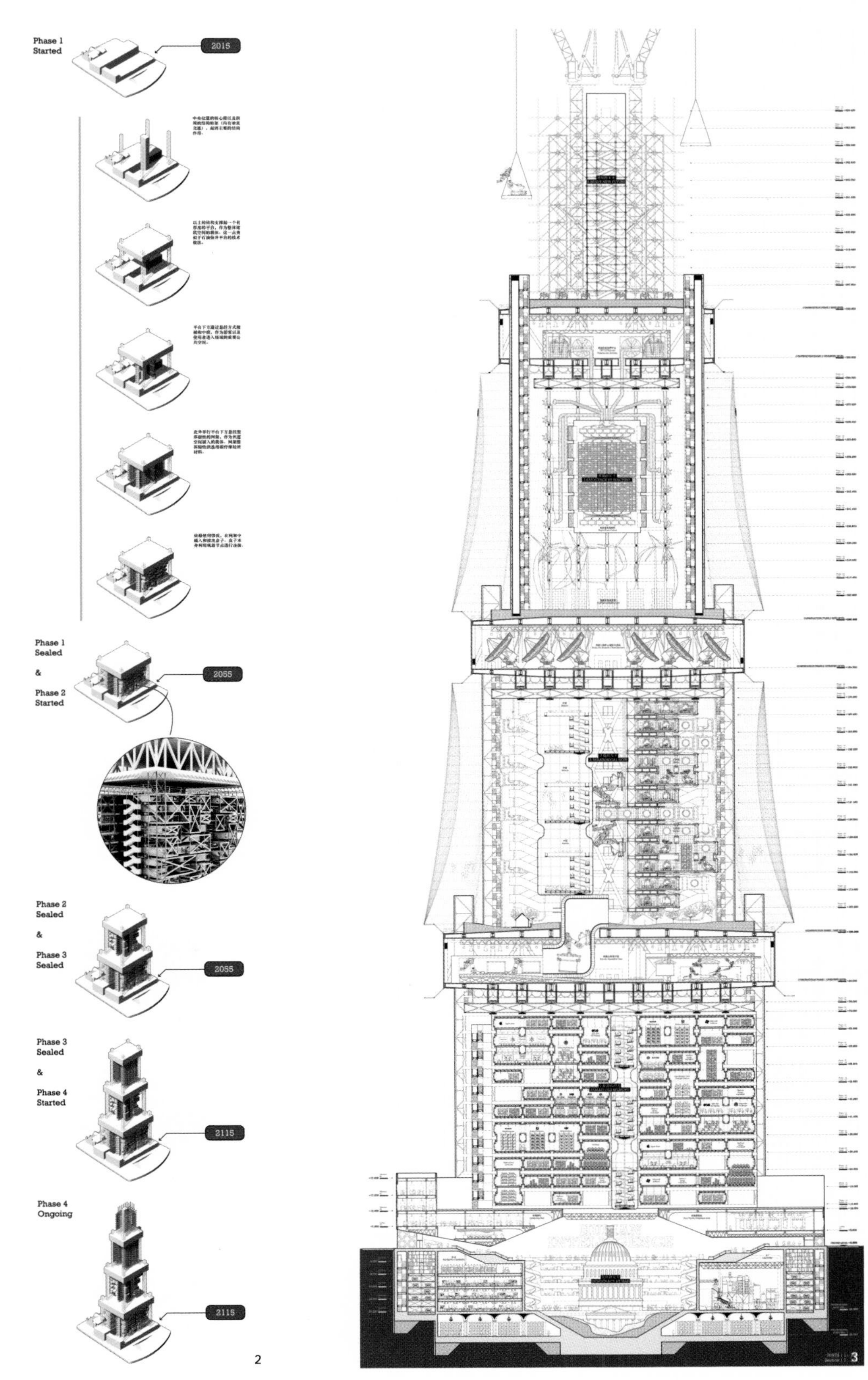
Phase 1
Started
2015
Phase 1
Sealed
&
Phase 2
Started
2055
Phase 2
Sealed
&
Phase 3
Sealed
2055
Phase 3
Sealed
&
Phase 4
Started
2115
Phase 4
Ongoing
2115
2
3

中德文化交流中心

跨文化、跨地域的设计项目日益成为未来中国建筑师的重要工作内容，适逢建筑学毕业班四名同学在慕尼黑工业大学进行交流与学习，故此参加本次联合毕业设计。本次“中德文化交流中心”希望学生摆脱以往文化中心宏大的空间叙事的设计方式，通过日常生活的融合与展示，构建一个文化双向体验和交流的平台，促成文化的融合。由此产生的复杂功能的混合也是为了回应当下城市发展的要求。教学过程中强调多元素的开放和空间系统的整合，克服传统城市发展过程中要素分离、形态和空间缺乏整体性的问题，这也暗示出一种空间集约化、立体化和体系化的设计策略。

本次毕业设计旨在帮助学生理解在跨文化和地域背景下，建筑设计的工作程序和方法，强调现实生活的体验和观察，突出对分析和设计能力的综合训练，重点体现在以下四个方面：发现关键问题，寻找设计潜力的理性分析能力；拓展开发目标，激发创意思考的创新设计能力；广泛交流探讨，独立深化方案的交流协作能力；强化沟通技巧，提高说服力的综合表达能力。

指导教师：王珂

小组成员：唐韵、伍雨禾、陈迪佳、黄艺杰

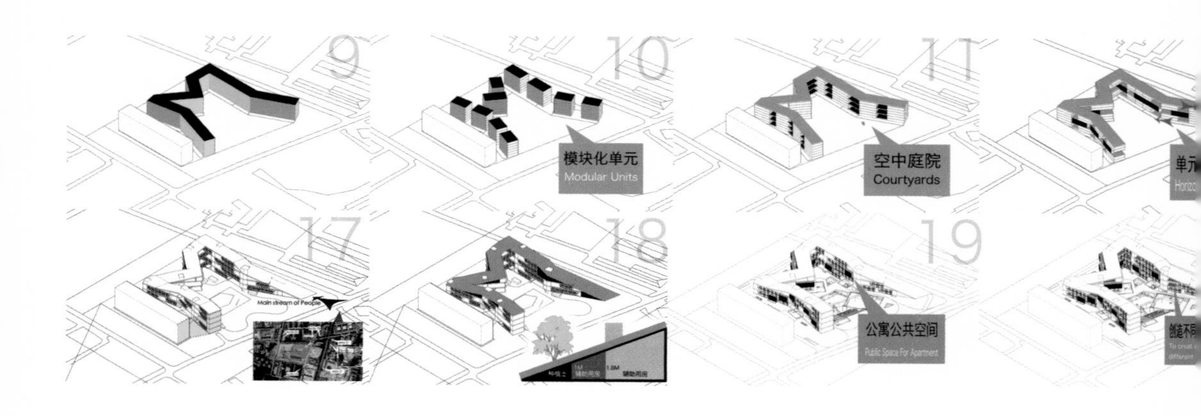

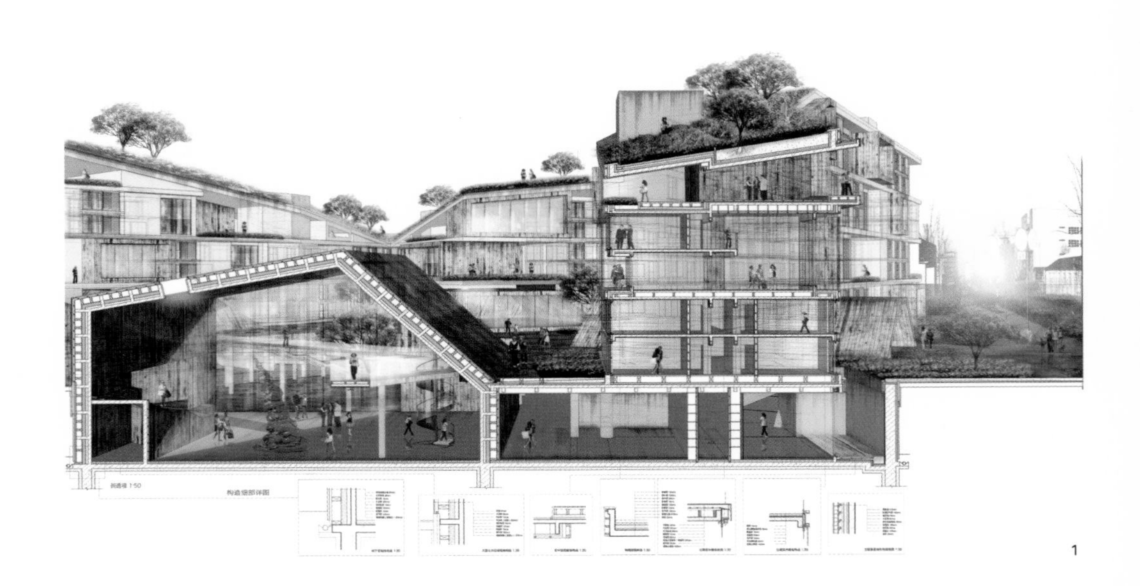

1

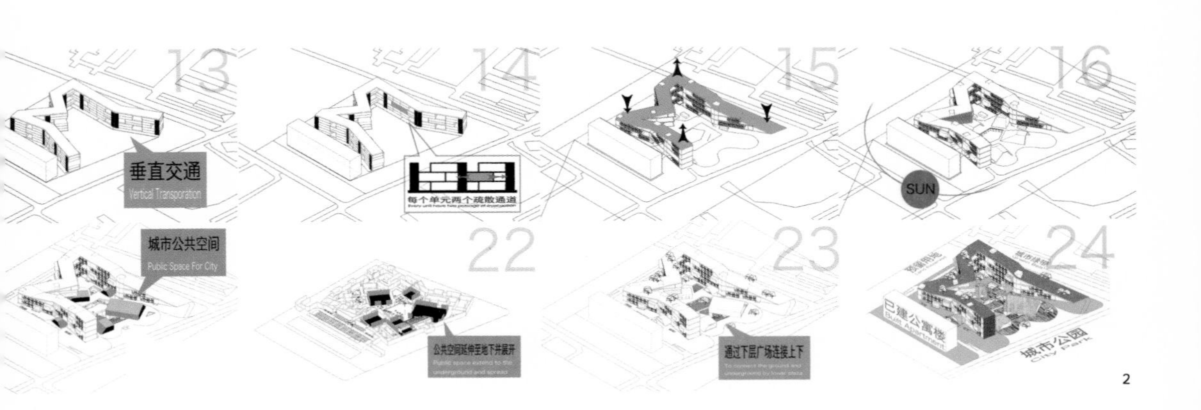

2

1. 黄艺杰，中德文化交流中心，剖透视图及构造细部详图。
2. 黄艺杰，中德文化交流中心，设计过程图。

地域环境视野下的乡土遗产

地扪村是黔东南侗寨的典型代表，被列入第六批国家历史文化名村。课题主要聚焦于贵州省地扪村乡土建筑营造与遗产保护研究，以及基于地域气候条件和传统建造体系的新建筑设计研究。

传统乡土聚落建造体系与地域气候、传统文化、风俗习惯等因素具有紧密的内在联系，形成了稳定而自治的完整体系。当处于传统农耕社会的乡土村落与后工业文明碰撞时，其社会结构、自然环境和建造体系都处于相互割裂和迅速的变化当中，也为乡土村落的发展带来了一系列问题。如何面对当下的现实条件，寻找乡土遗产的存续之道，并重新审视传统建造体系和地域环境，探索基于当代的营造方式，是该课题所关注的内容。

指导教师：王红军

小组成员：张正秋、武晓宇、林笑涵、杨萌、洪菲、王俊超

1. 武晓宇，地域环境视野下的乡土遗产，剖透视图。
2. 武晓宇，地域环境视野下的乡土遗产，寨心分解轴测图。

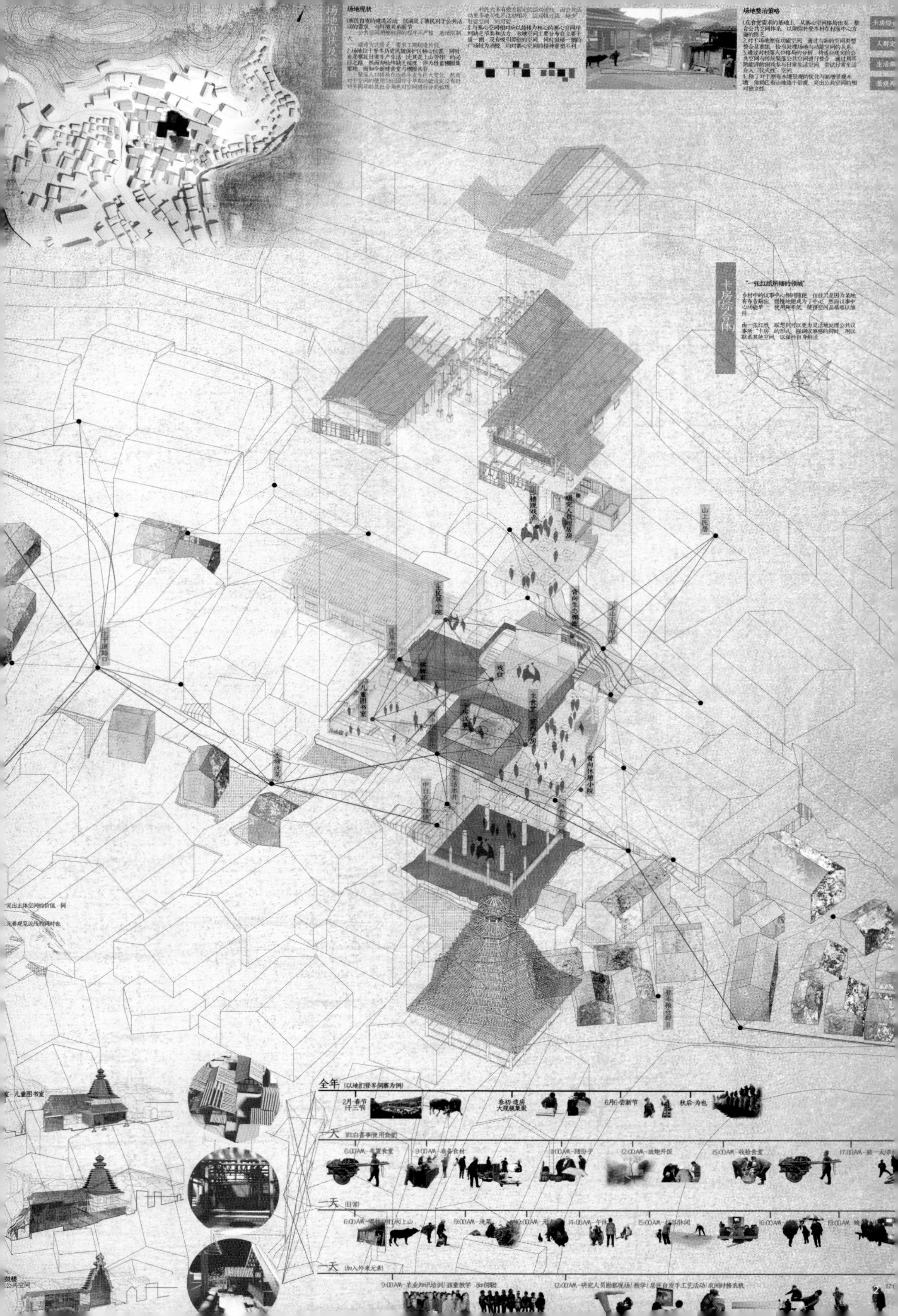
场地现状及整治
场地现状
场地整治策略
卡房综合体
"一张红纸所辖的领域"
乡村中的议事中心相对随便，往往只是因为某地有布告贴出，慢慢地便成为了中心。然而议事中心功能单一，使用频率低，使得空间品质难以维持。
由一张红纸，联想到可以更为灵活地处理公共议事所"卡房"的形式，强调议事感的同时，用以联系其他空间，以保持自身鲜活。
山上民房
戏台
儿童图书室
主食堂
全年（以地扪登岑侗寨为例）
2月-春节（十三节）
春初-造房 大规模集聚
6月6-尝新节
秋后-为也
一天（红白喜事使用食堂）
6:00AM-布置食堂
9:00AM-准备食材
11:00AM-随份子
12:00AM-放炮开饭
15:00AM-收拾食堂
一天（日常）
6:00AM
9:00AM-洗菜
10:00AM
14:00AM-午休
15:00AM
16:00AM
19:00AM
一天（加入外来元素）
9:00AM-农业知识培训/孩童教学
12:00AM-研究人员勘察现场/教学/居民自发手工艺活动/农闲时修农机

兵工遗产——南京晨光 1865 创意产业园环境设计

本题目由中国建筑学会室内设计分会 (CIID)“室内设计6+1”第三届校企联合毕业设计所制定的 2015 年的研究命题。参加院校有来自全国的七所高校学院，包括：同济大学、华南理工大学、哈尔滨工业大学、西安建筑科技大学、北京建筑大学、南京艺术学院以及浙江工业大学。

参加高校基于南京历史城市兵器工业建筑保护与更新设计的总体目标，在给定的南京晨光 1865 创意产业园 A1、A2 建筑及其周边空间环境中，结合本校参加活动专业特点，在遵从历史建筑保护的规则下，开展将工业建筑遗产保护与室内更新设计相结合、与展示空间设计相结合、与景观设计相结合的探讨。

指导教师：左琰

小组成员：周怡、陈杰、张黎婷、马潇潇、马曼·哈山、吴晓飞

1. 张黎婷，马潇潇，兵工遗产——南京晨光 1865 创意产业园环境设计，全龄学教区。
2. 张黎婷，马潇潇，兵工遗产——南京晨光 1865 创意产业园环境设计，功能分解图。

1

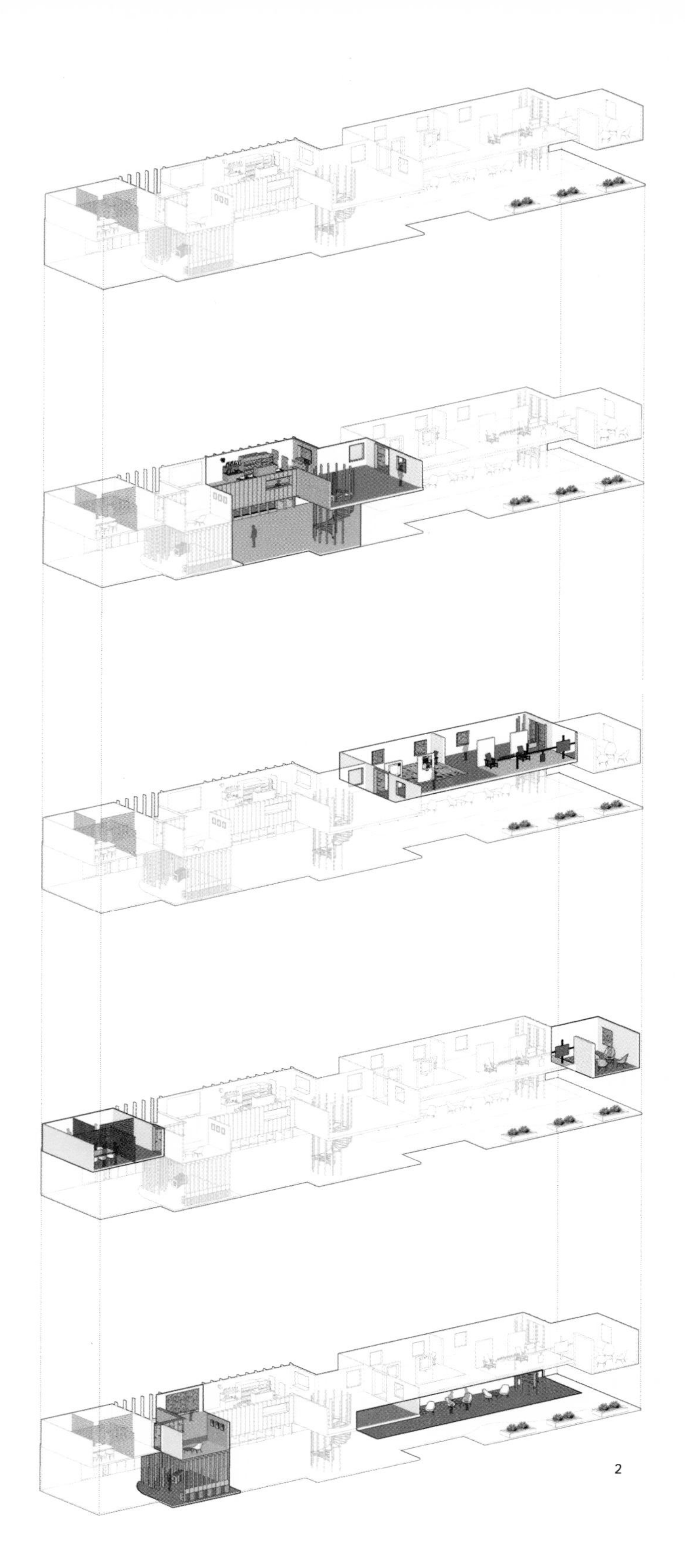
2

亚洲垂直城市设计竞赛——人人皆贡献

本次课题结合国际设计竞赛：亚洲垂直城市设计竞赛——人人皆贡献（Everyone Contributes），进行关于高密度亚洲城市设计策略的探讨，并为未来亚洲城市的进一步发展提供一个可供参考的范式。

2015 年竞赛基地位于新加坡 Paya lebar 空军基地，坐落于新加坡东部地区。选择其中 1 000km^2 的土地作为设计范围，提供 10 万人的生活和工作。对城市密度、垂直性、家庭生活、工作、饮食、基础设施、自然、生态、结构等问题进行思考。基地需囊括生活、工作、娱乐的可能。其中，居住空间为占地面积的 50%。“人人皆贡献”源于生态学中的共生结构。每个有机体发挥自身来维持生态的良好发展。这个主题强调社区、网络、资源的共享、循环的经济、适应性和弹性。

指导教师：姚栋

小组成员：崔婧、梁芊荟、梁宇、刘庆、王建桥、郑星骅

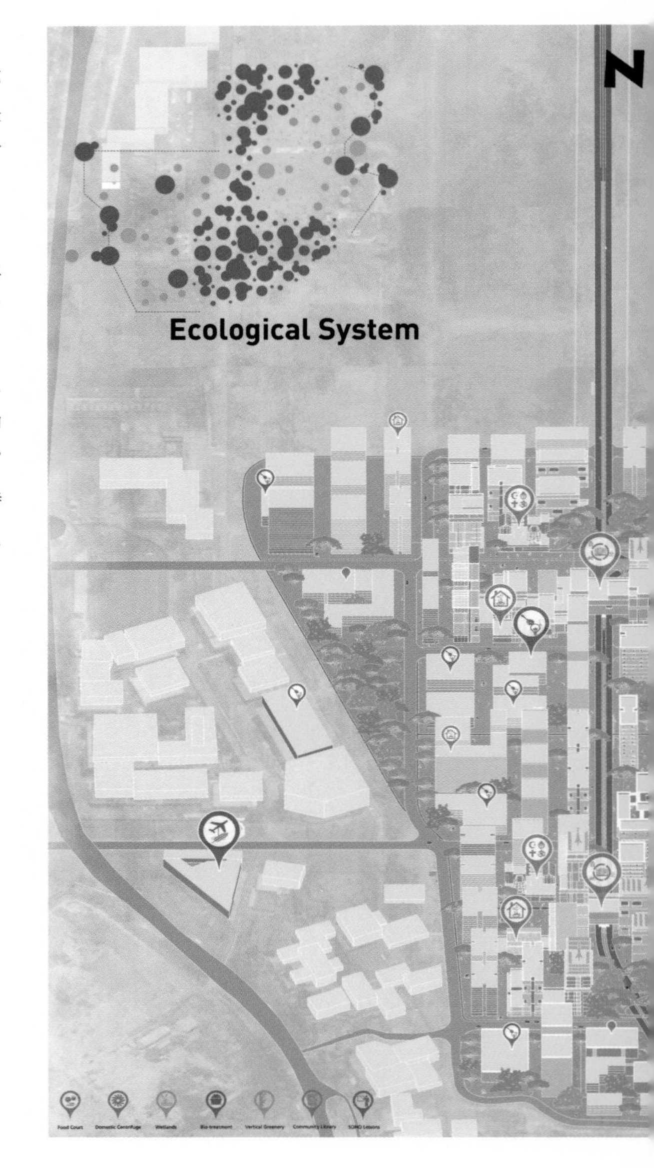

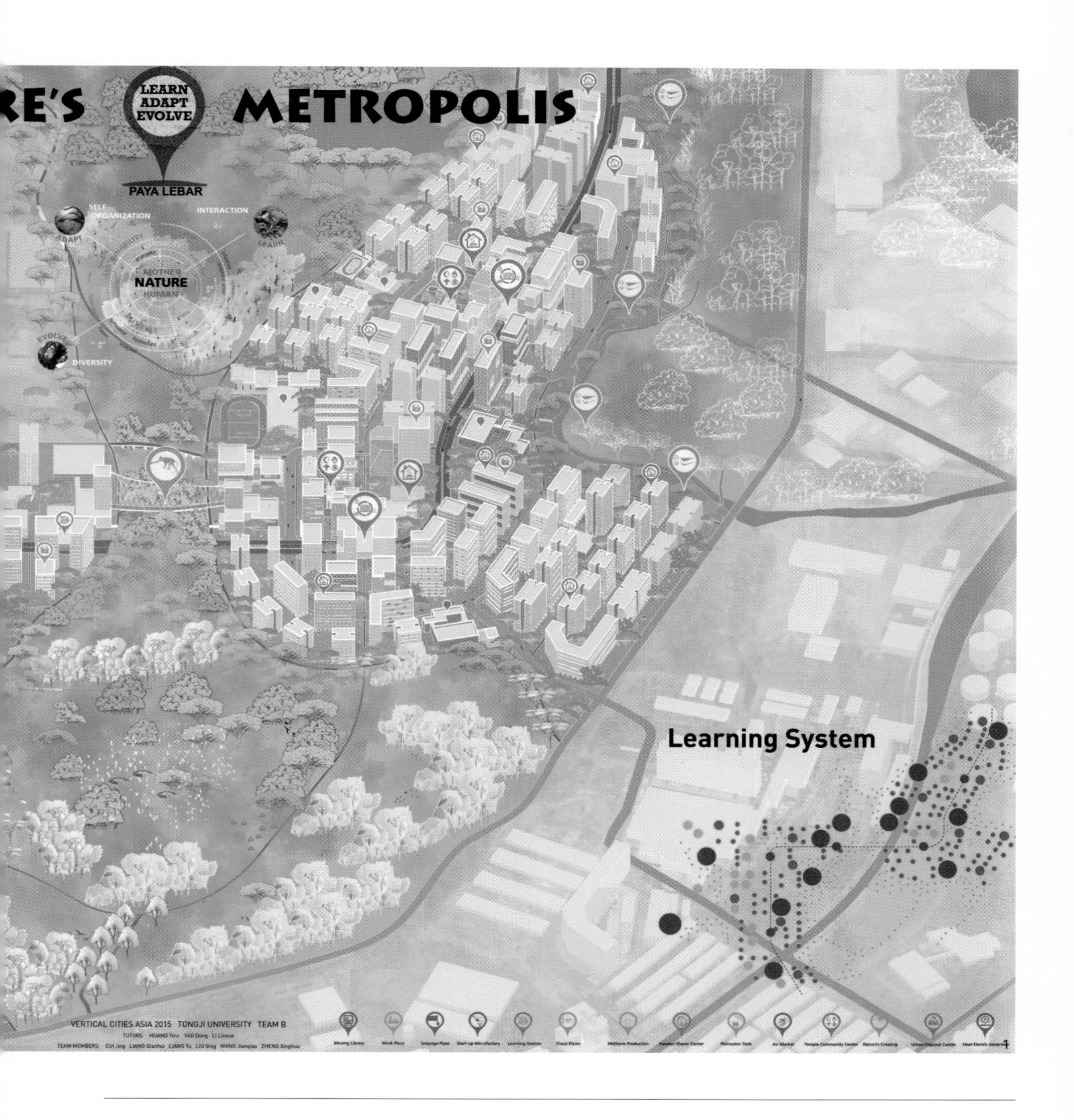

1. 崔婧、梁芊荟、梁宇、刘庆、王建桥、郑星骅，亚洲垂直城市竞赛。

History, Theory and Criticism Courses

历史、理论与评论类课程

建筑历史与理论课程系列属于“思考的建筑学”（Thinking Architecture）范畴，在整个建筑系教学体系中的作用主要有两个方面：一是培养学生的建筑价值观、历史意识和专业判断力；二是为建筑设计训练提供必要的知识背景和理论基础。其作用不是立竿见影的，而是潜移默化的，对建筑学人才培养意义深远。

建筑历史与理论课程内容的持续改革在同济已历廿载，从1996年起，将传统大三的单段式建筑史课教学，扩展成了两段式的建筑历史与理论课程教学系列，即低年级的“建筑通史”，高年级的“建筑理论与历史”和“建筑评论”。两段之间的小学期穿插“历史环境实录”实习课，在传统的样式测绘基础上增加了历史变迁和实存状态的信息采集训练。课程系列中并有新创设的“城市阅读”“历史建筑形制与工艺”“传统材料病理学”“保护技术”“文博专题”“艺术史”等相关专业课程。其中主干的“建筑理论与历史”课分为中、外两大部分，跨越两个学期，比以往的建筑史课拓展和更新了内容和方法，加强了理论与历史专题的广度和深度，对各个教学环节、关键点，课件形式，讲授、讨论和导读方式，课程论文要求，甚至每一道检验学习效果的考题样式等，都做了精心设计，在国内的建筑史教学领域也有一定影响。

以上这些课程建设和教改努力得到了建筑界的充分认可，“建筑评论”课和“建筑理论与历史”课先后被评为国家精品课程，以郑时龄教授为首的建筑历史与理论专业教师群体被评为国家级教学团队。

表1. 历史、理论与评论类课程列表

课程名称	授课老师	课时	授课对象
建筑史	李浈、钱锋	51	本科一年级
艺术史	胡炜、李翔宁、王昌建	34	本科一年级
History of Architecture	周鸣浩、李颖春	36	本科一年级
城市阅读	伍江、刘刚	51	本科二年级
文博专题	朱宇晖、钱宗灏	34	本科二年级
历史建筑形制与工艺	李浈、钱锋	36	本科三年级
历史环境实录	李浈 等	3周	本科三年级
保护概论	陆地	36	本科三年级
建筑理论与历史（1）	常青	36	本科四年级
建筑理论与历史（2）	卢永毅	36	本科四年级
建筑评论	郑时龄、章明	36	本科四年级
材料病理学	戴仕炳	36	本科四年级
保护技术	张鹏、戴仕炳	36	本科四年级

中外建筑史 / 建筑评论 / 建筑理论与历史 / 城市阅读 / 保护概论

中外建筑史（李浈、钱锋主讲）

本课程的教学目标是通过对中外各个历史时期建筑发展过程及其自然、社会背景的介绍，使学生对建筑发展的历史有一个初步的、总体的认识。课程分为中外两部分，中国建筑史部分简述中国各个历史时期的建筑活动状况及其社会文化背景，详说有关古代和近代的建筑思想、理论与技术，详析各个历史时期的建筑型制、特征、风格、结构特点等以及演变过程；外国建筑史部分简述以西方为主体的各个历史时期的建筑状况、演变过程及其相关的历史文化背景，着重分析各个历史时期建筑的类型、形式、技术及艺术特征。

建筑理论与历史（一）（常青主讲）

本课程为建筑理论与历史专题系列。授课目的是通过史实和史观解析建筑进化，思考建筑本体及其相关联域，重点讲述中国传统建筑三大构成：官式古典建筑、民间风土建筑和西方影响下的近现代建筑及其相互关系。主要包括中国建筑的演变历程、官式古典建筑营造原理、民间风土建筑地域特征、古今建筑的中外关联、中国建筑遗产的现状与未来等专题内容。

建筑评论（郑时龄、章明主讲）

本课程在学科建设上始终定位于三位一体的素质教育，在专业上的培养目标是培养学生的批评意识、拓宽视野、掌握基本的理论知识，并在实践中加以应用注重能力培养。课堂讲授内容和课后作业都强调理论与实践相结合，在这个过程中提高学生的文献阅读能力、理论思考能力和设计实践过程中的价值判断能力以及和建筑师交往的能力等，特别是注重培养学生独立思考和批判性思考的能力，利用批评理论客观地、科学地、艺术地和全面地对建筑师及其作品作出评价。

建筑理论与历史（二）（卢永毅主讲）

本课程是面向建筑系高年级学生的专业理论课程。目的使学生深入了解西方各个历史时期的建造活动、设计思想以及与社会文化、科学技术和思想进程的文脉关联，以认识西方建筑的知识体系、文化内涵和学科特征。课程包括：古代建筑历史与理论、近现代建筑历史与理论以及当代建筑思潮与作品三大部分。教学特色是：以史带论的课程定位，历史的整体与细节的丰富，思想与作品的同步解读，历史的批判性与理论的多元化。

保护概论（陆地主讲）

本课程首次开设于 2006 年，是历史建筑保护工程专业的基础理论课之一，其目的是作为该专业的“指南”，使学生系统地了解建筑遗产保护的基本概念、发展历程与理论发展；较为系统地了解建筑遗产保护的整体学科结构；清晰地了解建筑遗产保护这门学科是按照什么规律形成并不断发展着的，从而为以后的专业学习和保护实践打下坚实的理论基础，不仅能清晰地认识建筑遗产保护这门学科与行业的整体发展趋势，而且具备广阔的视野性与思考发展性，能够具备从整体角度全景式、多方位、多层面综合思考建筑遗产保护相关问题的初步能力。

城市阅读（伍江、刘刚主讲）

本课程为同济大学建筑与城市规划学院二年级全院各专业学生必修的专业基础核心课程，以聚焦城市发展和建成环境分析认知为核心环节，以培养学生的专业价值观和基本素养为教学目标，在原有的建筑史论、城乡建设史论、城市设计和城市规划原理等课程的交叉领域，进行了知识体系梳理。基于课程平台，进行了知识节点创新整合。初步建构了以“城市阅读”为中心的，覆盖从本科专业基础教学到研究生理论教学、从专业学生到社会公众的相对完整的关联性课程体系。本课程参照国际一流大学的类似课程建设标准，发挥同济城规学院在三个国内领先学科上的协同优势，在国内高校中率先创建。

1. 课程参考图书封面图。

Building Technology Courses

技术类课程

建筑环境控制 / 建筑构造 / 建筑特种构造

建筑技术课程作为建筑学教育的重要组成部分，是学生掌握并利用现代技术进行建筑设计理性思考的理论基础和设计方法。技术类课程分布于建筑学教育的各个教学阶段，主要有：建筑环境控制学、建筑物理（声学、光学和热学）、建筑设备（水暖电）、建筑构造、建筑特种构造、构造技术应用、建筑结构类型、建筑防灾等。在绿色建筑设计与技术被普遍关注的今天，相关知识与原理的课程教学正在不断的更新与提高，在各技术类的课程教学中都增加了相关绿色建筑的教学内容，使学生在专业学习的各个阶段接受现代绿色建筑技术的知识，并与各阶段的建筑设计课程相结合。

本学院建筑技术教学体系由建筑声学专家王季卿教授、建筑构造创始人傅信祁教授、建筑热学专家翁致祥教授、建筑光学专家杨公侠教授创建，突出与建筑设计结合、充分体现科学技术、重实践应用等特点。在现代科技高速发展的时代背景下，新一代建筑技术教学骨干教师立足于绿色建筑设计与技术的学习与应用，在绿色建筑与环境控制教学团队、建筑建造技术教学团队组织体系下，正在积极、有效地开展各建筑技术类课程的教学工作。

建筑环境控制

建筑环境控制是现代建筑学教学的重要组成部分，是学习、研究绿色建筑和建筑可持续性问题的基础，是关于建筑环境技术及其实际应用的综合性学科，是建筑教学的专业必修课。

由于时代的变迁和气候状况的恶化，建筑师创造的空间越来越依赖设备技术来维持空间的舒适性，其造成的后果是耗能、污染、非健康，并由此引发无法可逆的人的生理和心理变化，大大影响人的舒适和健康。如何在建筑设计中挖掘提供舒适条件的可能性，以与建筑设计紧密结合的构配件重组来完成过去只能依赖设备才能完成的舒适性，充分利用被动技术进行建筑环境设计与控制，成为建筑环境控制学的研究基础和出发点。

建筑环境控制学注重科学技术在建筑实践中的应用，尤其关注建筑物理现象与自然、气候紧密相关的问题。主要包括以下几个方面：区域性环境控制技术，主要研究城市环境控制技术，并通过案例分析进行必要的环境评价工作；建筑环境控制应用技术，主要进行建筑声环境控制、热环境及舒适控制技术和采光学习；建筑风环境控制技术，主要对与建筑风环境和相关的风的形成要素、诱导自然通风的设计方法等新技术进行系统的研究；生态与节能控制技术，主要对“热—节能—生态”进行建筑设计原理和基本概念的分析，使人们掌握应用建筑设计方法达到建筑节能的目的，系统研究绿色建筑、节能建筑的技术措施；生态观与环境控制历史的研究，主要通过大量的理论分析，使人们从中掌握应用建筑环境控制的原理和概念，通过理论学习，比较全面地掌握相关知识和技术方法。课程教材有：宋德萱（同济大学）《建筑环境控制学》，东南大学出版社；柳孝图（东南大学）《建筑物理》第二版，中国建筑工业出版社；宋德萱（同济大学）《节能建筑设计与技术》，同济大学出版社。

热环境控制

通过课堂讲授及实验性教学环节，掌握建筑热环境设计的基础知识和基本方法，理解建筑传热、建筑围护结构绝热技术、热环境与舒适、节能建筑基本技术等，为后续专业设计提供技术层面的知识储备，并满足学生从业后对建筑热学内容的专业需求。热环境控制教学内容包括人体冷热感分析、热环境指标要素、传热基本方式、建筑热工基本计算、建筑热环境与热工标准、建筑保温设计、建筑隔热设计、建筑热环境设计基本技术等。实验部分主要要求学生通过一定的实验仪器、测试相关城市空间、建筑环境的热学指标，掌握建筑热学的基本实验方法。主要有：建筑环境温湿度指标测试实验教学、城市风环境的测试分析，并结合一定的模拟进行实验教学工作。前修课程有：建筑概论、建筑初步设计。

光环境控制

通过课堂讲授及实验性教学环节，学生掌握光环境设计的基础知识和基本方法，理解光与空间的作用关系，为后续专业设计提供技术层面的知识储备，并满足学生从业后对光与照明内容的专业需求。 教学内容将使学生获得光、空间、视觉环境的基本概念，要求学生能够对各类建筑空间的光环境具有一定的设计能力，熟知专业照明设计软件，并具有一定的实验技能，具体包括光环境设计基础知识、光环境设计专题、光与照明实验操作。主要有：①光、颜色与视觉环境；②光源与灯具指南；③照明的数量与质量。 光艺术装置实验要求学生了解各类光源的特性，如发光强度、色温、显色性、启动状态等；认识灯具技术，如配光曲线、截光角、眩光控制、滤片和透镜等多种技术。学生亲自动手，利用不同类型的材料及实验室照明设备、制作光艺术装置，探索光与空间的不同光照图式。

声环境控制

通过课堂讲授及课堂声频演示实验，使学生掌握建筑声学的基本原理，可以初步解决建筑设计中的噪声控制与音质设计问题，把声环境品质作为基本功能要求整合到建筑与室内设计方案中，拓宽学生的创作思路；熟悉吸声与隔声的基本原理及常用建筑吸声与隔声材料或构造的主要特性，了解声环境规划、噪声与振动控制和室内音质设计的基本原理和方法。课程主要包括：声音的物理性质及人对声音的感受，这部分内容介绍了基本声学原理，是学习建筑声学必须掌握的基础；建筑吸声扩散反射建筑隔声，这部分内容介绍了解决建筑声学问题的必要手段；声环境规划和噪声控制，这部分内容从总平面布局、到建筑单体、再到建筑设备，介绍了解决噪声与振动问题的主要方法；室内音质设计，这部分内容针对各种类型建筑中的音质特点，介绍了音质设计面临的问题以及解决问题的主要方法。

建筑构造

建筑构造是专业基础必修课。教学目的和任务是使学生了解在建筑设计中构造技术的重要作用，掌握建筑构造技术的基本原理、设计方法和应用技术。通过系统学习建筑材料的组合与建筑构造的连接，了解建筑物的组成、不同材料建筑构配件的特点、以及建筑的防潮、防水、防火、防腐蚀、保温、隔热、隔声等相关构造技术。熟悉建筑构造技术细部详图的正确表达方法。本课程的前修课程为：建筑设计基础；课程评价以作业与考试方式进行；课程教材有：颜宏亮编著，《建筑构造》，同济大学出版社。

建筑特种构造

建筑特种构造是专业必修课，学生在熟悉建筑基本构造原理的基础上，进一步深入学习建筑特殊构造，了解国内外建筑新材料、新结构、新技术的发展动态，提高学生对现代建筑的细部构造设计及绘制详图的技能。教学目的在于使建筑学专业的学生能够掌握有关建筑特殊构造技术的基本理论和方法，并具有从事建筑（构造）技术设计的综合能力。前修课程有：建筑构造、构造技术应用；评价方式为考查；课程教材有：颜宏亮主编，《建筑特种构造》（第二版），同济大学出版社。

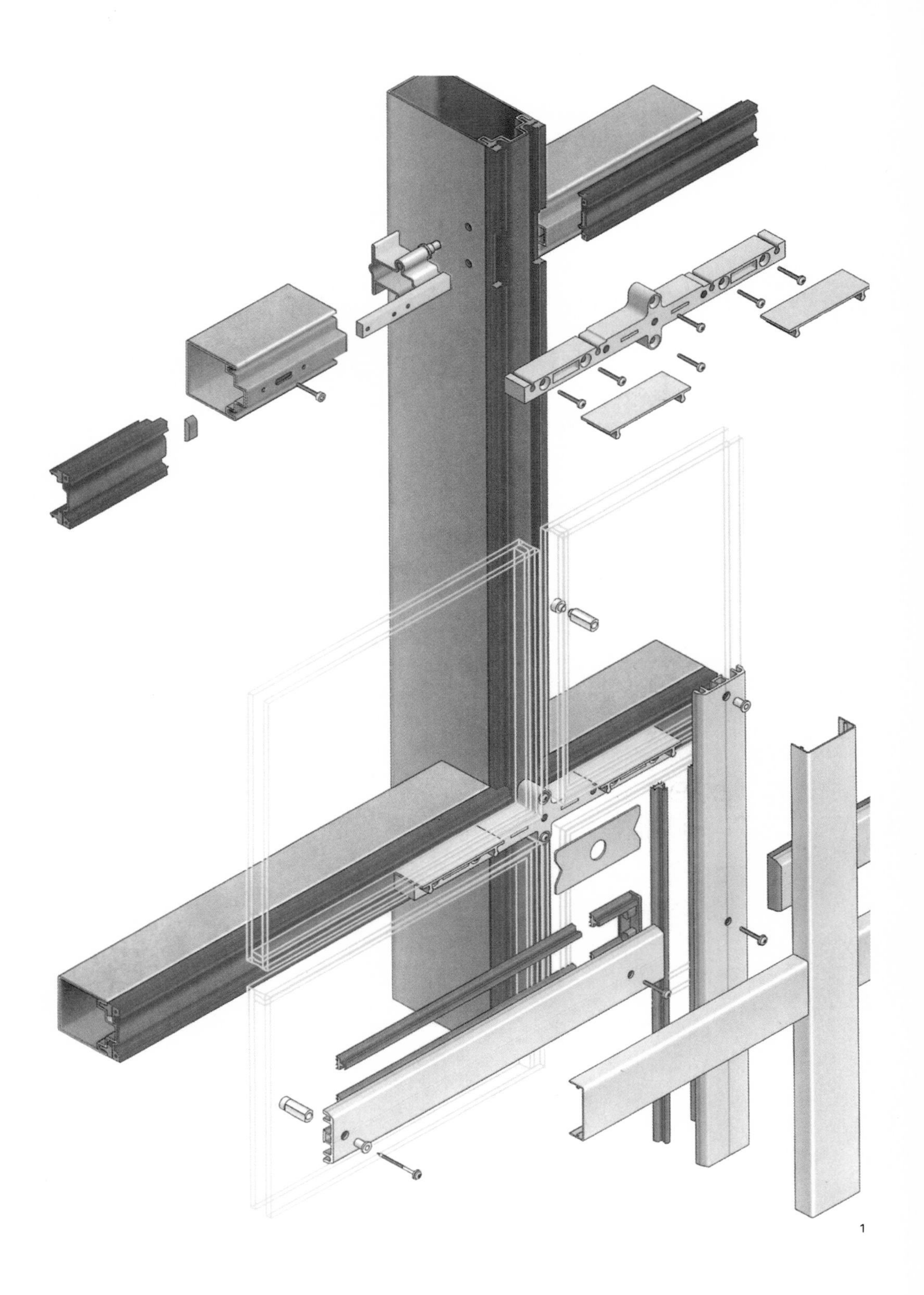

1. 钢管与玻璃幕墙。

保护技术 / 材料病理学

保护技术

本课程是历史建筑保护工程专业的核心课程之一，目标是借鉴国外保护领域的先进经验，整合相关学科的知识内容，结合国内保护现场实践，教授学生“如何保护”的问题。课程大纲的制定参考了欧美名校相关保护技术课程的内容，并逐步增加了与国内建筑遗产特征和保护制度相适应的内容。整体结构以西方保护科学的整体结构为纲，兼顾针对木构的传统保护技术。六年来，这门课已经形成了完整的教学大纲和系列参考书目，受到了师生的普遍好评。本课程 2010 年获校教学成果二等奖，2011 年度被列为上海市教委重点课程，2012 年被列入同济大学本科卓越课程计划（专业核心课）资助计划。

课程内容可分为三个部分：一是介绍西方历史建筑保护技术的框架与系统，包括对西方历史建筑结构与材料的分析，包括其力学特征与破损方式；二是将历史建筑保护活动分为信息采集与分析、材料修复和结构加固展开教学，包括历史建筑信息采集的技术手段，历史建筑信息的分析与判断，各类建筑结构、材料的特性与保护技术，历史建筑保护的技术原则等；三是针对中国建筑遗产的具体情况，结合实际保护案例的解读，引导学生使用学到的理论知识进行现场实践。

教师：张鹏、戴仕炳、鲁晨海、汤众、卢文胜等

材料病理学

自 2010 年首次开设的“材料病理学”是“历史建筑保护工程”专业的核心课程之一。这门课程的目标是教授学生有关建筑材料特别是面饰材料的特点和病理知识，并借鉴国外保护领域的先进经验，整合相关学科的知识内容，结合国内保护现场实践，研究历史建筑材料的保护技术方法。

材料病理学课程内容可分为三个部分：一是介绍建筑材料的机械性能，包括建筑的物理基础和化学基础；二是建筑材料特性、病害及保护的技术方法，包括木材、天然石材、土、砂浆、无机黏合剂、混凝土、涂料、防水保温材料、金属、玻璃等材料；三是针对中国建筑遗产的具体情况，结合实际案例的参观解读，引导学生使用学到的理论知识进行实验和现场实践。

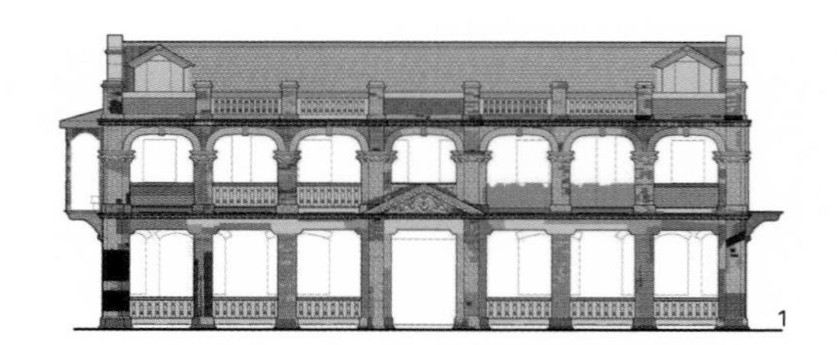

1. 南立面破损分析图。

2—6. 授课与实践照片。

Professional Practice

专业实践
教学实习

设计院实习

设计院实习通过让学生参与实际项目设计流程，提高学生对建筑行业格局的认知程度；拓宽并加深学生对建筑设计的理解，了解实际项目推进过程中面对的现实问题，加深其对相关法律法规的理解及运用；并通过现场考察印证，了解建筑与图纸之间的对应关系，从而提高施工图绘制水平。

目前学校与华东建筑设计研究院等 9 家国内外一流建筑设计研究公司展开了深度合作，初步形成了一个与同济大学品牌匹配的联盟平台。基于此平台，拓展联盟企业的社会分工范围，逐步打造一个建筑领域的全覆盖高端合作平台。

表 1. 实习生分布前十企业

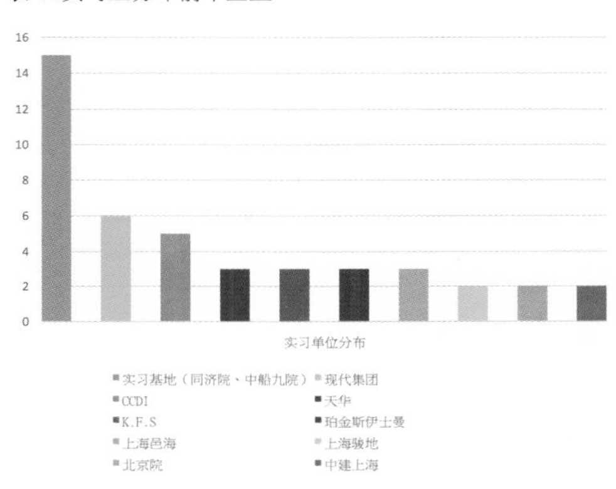

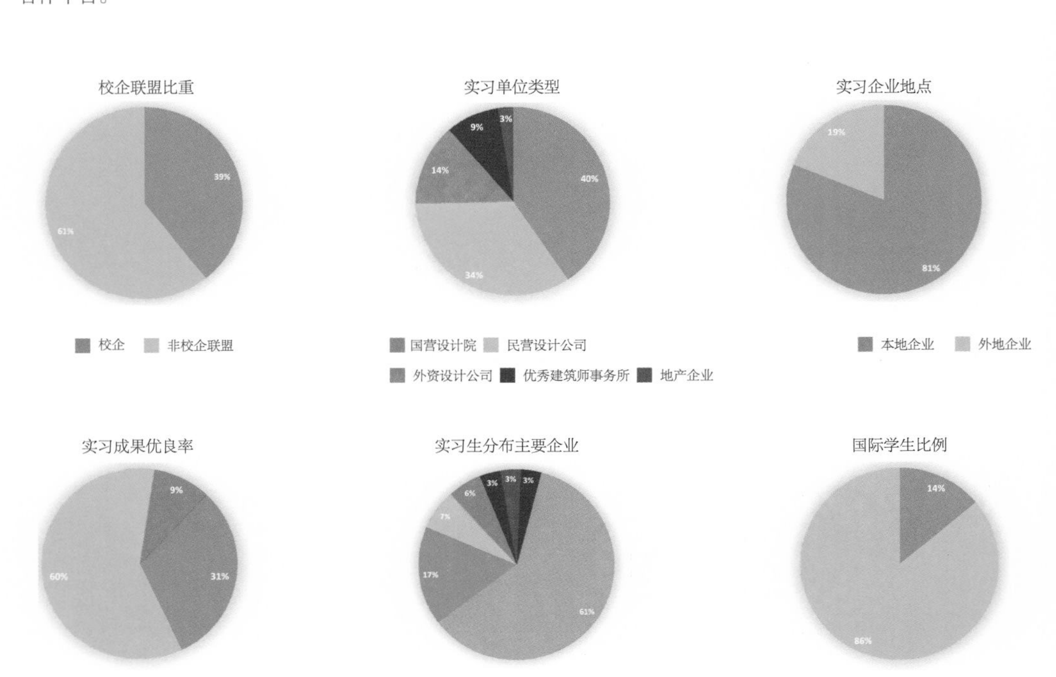

美术实习

美术实习是校内艺术造型系列课程的必要和有效的教学补充，主要包括素描风景写生和色彩风景写生两大实习内容。通过近 2 周的实习，使学生进一步熟练掌握构图分析、形体塑造、色彩表现、绘画意境等诸多方面的能力。近年来，通过一些机构或基金会的项目资助，我院的学生有机会赴海外进行美术写生。2015 年 8 月 28 日至 9 月 10 日，15 名学院二年级学生第一次赴巴黎各大博物馆，以艺术史学习为主要内容进行美术实习。艺术理论对审美的提高作用被提到了重要的教学位置上。

表 2. 艺术造型实习 1

老师	时间	实习地点
王昌建、于幸泽	7/18—7/31	安徽查济
郇春生、何伟、刘辉	7/19—7/31	山东峨庄
吴刚	7/19—7/30	浙江丽水
叶影	7/20—8/2	浙江丽水
徐油画	7/19—8/1	海南郭亮村
刘庆安	7/19—8/1	山西平遥
刘秀兰	7/19—7/30	江西婺源
胡炜	7/19—7/30	贵州地扪村

表 3. 艺术造型实习 2

老师	时间	实习地点
张奇、周伟忠	8/30—9/12	江西婺源
刘辉、刘宏	8/30—9/12	浙江西塘
刘庆安、徐油画	8/30—9/11	福建永定
吴葵	8/31—9/11	浙江永嘉
阴佳	8/31—9/11	安徽查济
吴刚	9/1—9/12	江西婺源
周信华	8/31—9/11	安徽黟县
刘秀兰	8/30—9/11	安徽黟县
胡炜	8/28—9/10	法国巴黎

1. 姜雨珊，美术实习作业。
2. 王宁，美术实习作业。

3. 何蕾丝，美术实习作业。

4. 贵州地扪村胡炜老师写生示范场景。

5. 2014 级规划学生写生合影。

6. 杨子玥，美术实习作业。

测绘实习

历史环境实录——和平古镇

今年建筑系师生共34人参与和平古镇的“历史环境实录”课程实践，测绘并收录了9座建筑，分别是：和平古镇内的四个市级文物保护单位——李氏大夫第、明代民居李宅、黄氏大夫第和东门谯楼；坎头村的四个文物点——赵氏宗祠、廖氏宗祠、黄氏峭公祠和惠安祠；坎下村的一个文物点——中乾庙。测绘点主要包括民居、宗祠和谯楼三种类型，都是精选和平镇古建筑的代表之作，充分体现了和平古镇建筑遗产的宝贵价值。

领队教师：邵陆、李浈

指导教师：余少慧、马涛

测绘人员：

2012级建筑学四班：

辛诗奕、张雨缇、童轶青、李月光、朱嘉鼎、苑亚丽 、李霁欣、程尘悦、孙童悦、陶依依 、林静之、 郭嘉鑫、谭嘉琪、唐楷文、李博涵、郑思尧、谢云玲、徐蒙恩、谭炜骏、杨鹏程、郭子豪、贺艺雯、张若松、王姚洁、王敏

2012级历史建筑保护工程班：

曾鹏飞、李黼文、黄蓟霖 、曾鹏程、徐亮、钱蕴安

1

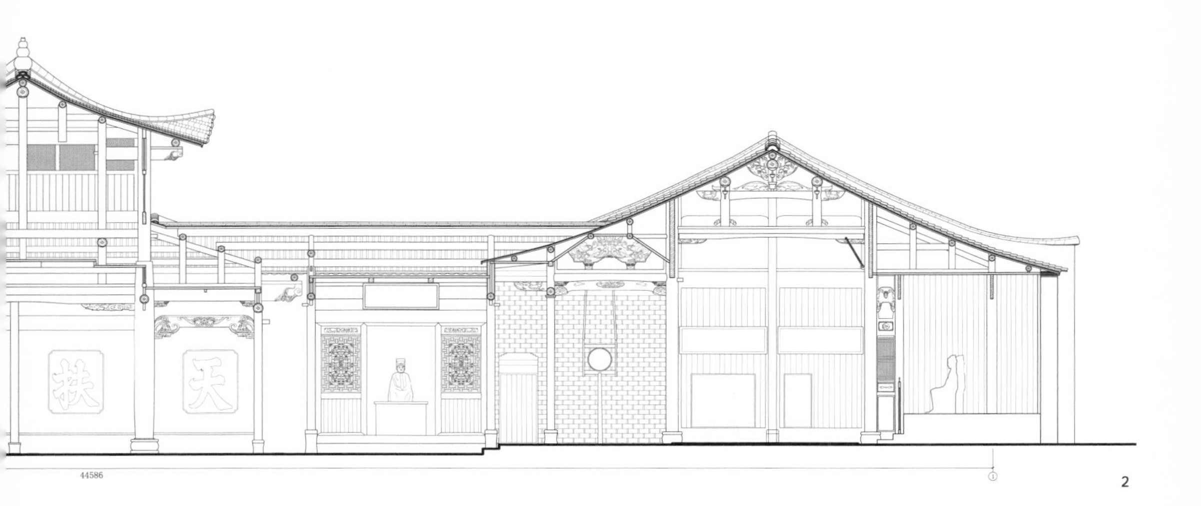

2

1. 测绘实习场景照片。

2. 李月光、童轶青、孙童悦、陶依依，福建省邵武市和平镇中乾庙，剖面图测绘。

测绘实习

历史环境实录——金坑

2015年，建筑系师生共36人参与金坑乡的“历史环境实录”课程实践，测绘并收录了12座建筑，分别是：上坊街的东方县苏维埃政府旧址、中翰第、将军殿、苏维埃政府旧址、儒林郎第；下坊街的观音阁、九级厅（李兴华宅）、李太簪宅、李氏宗祠、天主教堂及神父楼、仲新祠、缉熙聚顺。测绘点涵盖了金坑乡建筑的全部类型，且都是精选金坑乡古建筑的代表之作，充分体现了金坑乡建筑遗产类型的丰富性与多样性。此外，红色建筑遗产又为金坑乡建筑增添了新的文化价值。

领队教师：李浈、邵陆

指导教师：王一帆、刘军瑞、史文剑

测绘人员：

2012级建筑学5班：

沈依冰、朱佳桦、陈元、叶之凡、郝伟勋、万远超、马一茗、黄成业、程叙、李曼竹、张克、沈逸飞、程锦、景姗姗、王康富、赵艺佳、伍曼琳、谢天、伟吉、杨帆、王钦、王林、王韵然、杜叶铖、潘岫、田慧琼、曹慧蕾、马文宗、刘军瑞

2012级历史建筑保护工程：

樊怡君、肖子颖、何昱婧、沈若玙

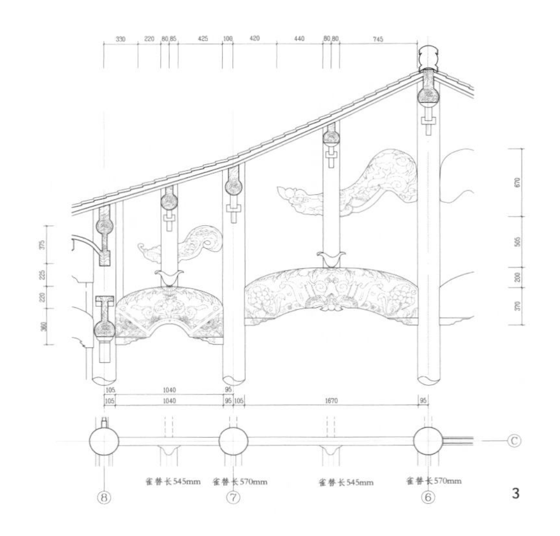

3

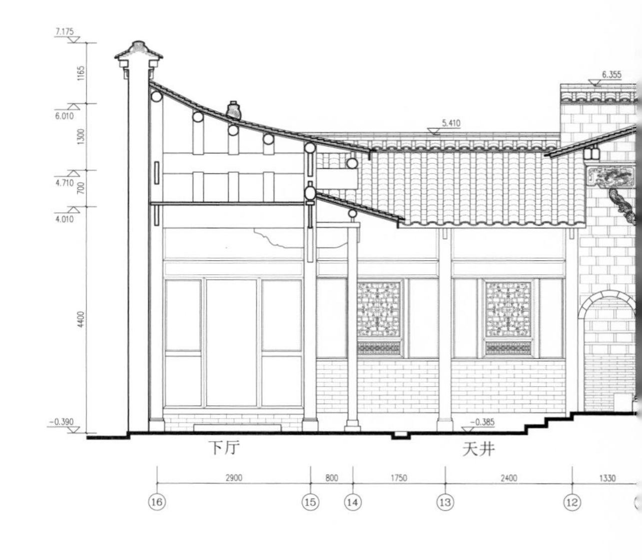

3. 樊怡君、何昱婧、沈若玙、肖子颖，福建省邵武市金坑乡上坊村，中厅梁架详图。

4、5. 测绘场景照片。

6. 王韵然、杜叶铖、潘岫，福建省邵武市金坑乡下坊村，剖面图。

4
5

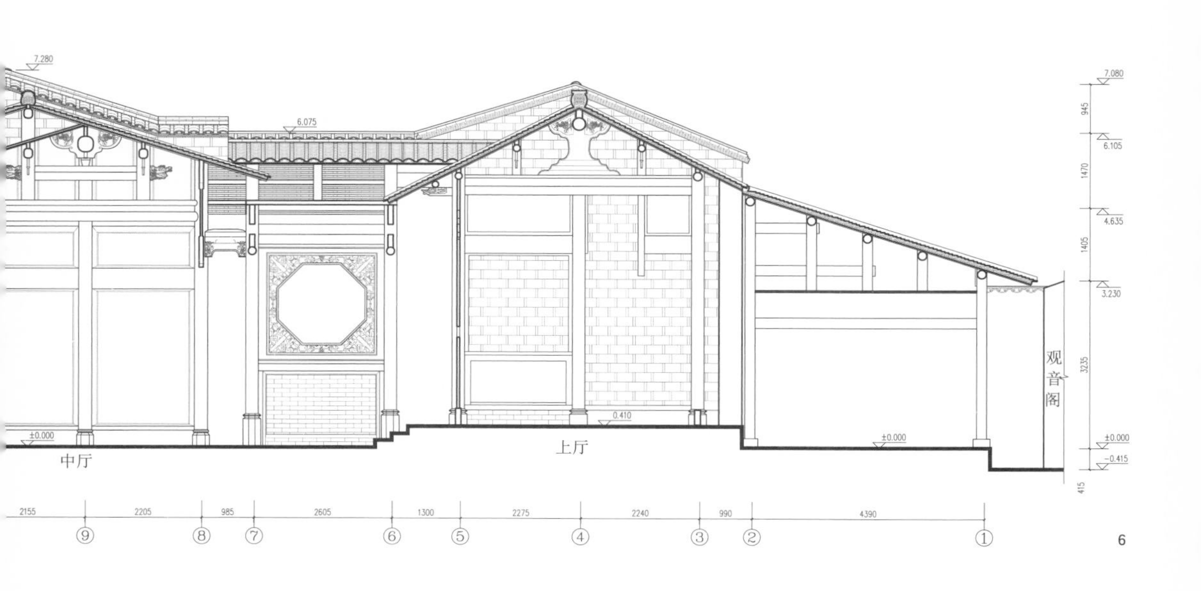
7.280
6.075
7.080
945
6.105
1470
4.635
1405
3.230
3235
观音阁
0.410
±0.000
±0.000
±0.000
-0.415
415
中厅
上厅
2155
2205
985
2605
1300
2275
2240
990
4390
⑨
⑧
⑦
⑥
⑤
④
③
②
①
6

认知实习

认知实习通过参观规划展示中心、机场、节能技术中心、地下商业街、建材超市、学校新建筑、建筑工地、建筑设计院、规划设计院等，了解与建筑设计相关的建筑构造、建筑环境、建筑设备、建筑结构、建筑防灾等建筑技术知识，了解建筑建造技术及其规范要求，增强对建筑技术的感性认识，拓宽知识面，为进一步学习建筑和规划设计及相关课程打下扎实基础。对于学生来说，通过认识实习，使学生亲眼看到和亲身体会到各类建筑和维持建筑运营背后的设备技术，对建筑的整体有了系统认识。对教师队伍来说，经过这几年实践发展，积累了一定的经验，逐步形成良好的教学实习运行机制，组成较为独特的教学实习指导梯队。

建筑技术科学教学团队一直努力开拓和建设新的实习基地，希望创建更多的参观实习场所，不断增加学习知识的机会。2015 年 5 月，在颜宏亮老师的带领下，团队去亨特道格拉斯（中国）投资有限公司上海基地实地踏勘并洽谈教学实习事宜，最后达成共识并确定实习具体安排事项。

7 月 16 日， 2014 级建筑学、历史建筑保护、室内设计和城市规划专业约 240 名同学在老师的带领下，参观亨特道格拉斯（中国）投资有限公司：在道格拉斯学校课堂学习，参观产品陈列室、工厂流水线和研发实验室。

1—8. 实习场景照片。

7 8

教学实践

地扪实践——记同济大学建筑与城市规划学院 2014 年地扪设计工作坊

2014 年 7 月 13 日至 7 月 27 日，建筑系师生一行 83 人赴贵州省黎平县地扪村进行了为期两周的暑期综合教学实践。此次地扪教学实践由多项课程组成，由十余位老师带领，包括了 2013 级、2011 级历史建筑保护工程专业本科生，建筑系 2013 级研究生及环境科学与工程学院师生。

地扪村地处黔东南自治州，风景秀美，民风淳朴。其自然地脉、民风民俗、村落环境和建造体系之间具有丰富的内在联系，是非常好的教学实践对象和研究样本。此次教学工作坊由张建龙教授总负责，包括四个工作小组。其中，谢振宇、赵巍岩、赵群、李峥嵘、Siegfried Irion、Christine Esteve 六位老师负责 2013 级硕士研究生“建筑设计工作坊”和“节能测试实验工作坊”。

研究生们对当地村落环境和传统民居进行了田野调查，对其物理环境进行了采样分析，以此为基础，对村落环境整治和民居建筑改造设计进行了设计研究；阴佳老师、于幸泽老师带领 2013 级历史建筑保护工程专业学生进行了“艺术造型实习（1）”实践教学，指导学生们综合运用多种工具进行了速写写生与创作；王红军、汤众老师带领 2011 级历史建筑保护工程专业学生进行了“历史环境实录”教学实习，对传统村落环境和民居建筑进行了测绘，并对其建造体系进行了调查研究。在为期两周的实践过程中，各团队还进行了多次汇报交流和互动，取得了丰硕的成果。

1—4. 贵州省黎平县地扪村教学实践照片。
5. 地扪村实景照片。

2015 同济大学国际建造节

“2015 同济大学国际建造节暨 2015‘风语筑’纸板建筑设计与建造竞赛”于 2015 年 6 月 6 日（星期六）在同济大学建筑与城市规划学院广场举行。

同济大学建造节举办至今已有 8 届。本届规格升级，不仅有 15 家国内建筑院校派队参加，而且还有国外 8 所建筑院校加盟。今年参赛总人数达到空前的 500 人。这是一个充满挑战而又激发热情的建筑设计竞赛。每组在规定的时间里，使用 40 张瓦楞纸板，400 个螺栓，200m 麻绳和 5 卷胶带，通过对于材料性能的认识，发挥想象力，建造出有内部使用空间的纸板建筑。

队员们除了需要创新和超越以往历届的设计，还要有计划地安排团队任务，在一天里共同建造出充满创意的纸板建筑。

参加院校：

同济大学 35 组（团队名称略）

国内建筑院校 15 组（按拼音次序排列）：
北京建筑大学、重庆大学、大连理工大学、哈尔滨工业大学、合肥工业大学、湖南大学、华南理工大学、昆明理工大学、清华大学、上海大学美术学院、上海交通大学、天津大学、西安建筑科技大学、浙江大学、中央美术学院

国外建筑院校 8 组：
威斯敏斯特大学（英）、都柏林大学学院（爱）、凡尔赛国立高等建筑学校（法）、魏玛包豪斯大学（德）、佐治亚理工学院（美）、夏威夷大学（美）、麦吉尔大学（加）、国立釜山大学（韩）

1. 建造节鸟瞰照片。

2. 建造照片。

3、4. 建造成果。

海外艺术实践之旅

2011 年始，通过校友资助，每年阴佳教授和赵巍岩副教授带领八名建筑学（含历史建筑保护专业）学生，选择欧洲一个国家进行为期一个月的绘画艺术实践活动，迄今为止已是第五年。这在中国建筑类高校中是绝无仅有的开创之举。

2014、2015 年选择的都是西班牙。师生们参观美术博物馆，游走在城市与乡间，用脚丈量着、用眼观察着、用心思索着。触摸着历史文脉，感受着当代文化艺术气息，用笔记录自己的心灵世界，每个人都以不同的精彩呈现着缤纷和灿烂。

1、2. 实践照片。

3、4. 阴佳老师的画作。
5. 赵魏岩老师的画作。
6—11. 学生画作。

陶艺课

阴佳老师开设的面向全校学生的“陶艺设计”是同济大学通识教育精品课程，国家级通识教育优秀课程。

版画课

由阴佳、于幸泽老师开设的本科生“版画艺术”课程，学生所创作的版画作品先后入选了诸多国家级与上海市级的专业版画展览（第二十一届全国版画展，第八届上海白玉兰美术大展、上海版画展、上海当代学院版画展等），这标志着我们学院学生的版画创作达到了一个新的高度，也是历史性的突破。

1—3. 陶艺课授课照片。

4—9. 版画课授课照片。

Awarded Courses

精品课程

表 1. 建筑系精品课程一览表

序号	年份	课程名称	负责人	课程层次	专业	所属一级学科门类	所属二级学科门类	级别
1	2010	建筑设计基础	张建龙	本科	建筑学	工学	土建类	国家级
2	2008	建筑理论与历史	常青	本科	建筑学	工学	土建类	国家级
3	2007	建筑评论	郑时龄 / 章明	本科	建筑学	工学	土建类	国家级
4	2010	室内设计原理	陈易	本科	建筑学	工学	土建类	上海市
5	2009	建筑设计	吴长福	本科	建筑学	工学	土建类	上海市
6	2007	房屋建筑学	刘昭如	本科	建筑学	工学	土建类	上海市
7	2003	建筑构造	刘昭如	本科	建筑学	工学	土建类	上海市
8	2011	多元化建筑设计	钱锋	本科	建筑学	工学	土建类	上海市
9	2013	居住建筑设计	黄一如	本科	建筑学	工学	土建类	上海市
10	2015	公共建筑设计	吴长福	本科	建筑学	工学	土建类	上海市
11	2007	建筑光环境	郝洛西	本科	建筑学	工学	土建类	校级
12	2005	建筑特种构造学	颜宏亮	本科	建筑学	工学	土建类	校级
13	2005	建筑环境控制学	宋德萱	本科	建筑学	工学	土建类	校级

POSTGRADUATE PROGRAMS

专业教育·硕士教育

Design Courses

设计类课程

联合设计 / 自命题设计 / 导师自命题设计及其他

同济大学建筑系为建筑学学位硕士研究生开设的设计课共有两个大类，均为必修课程。第一类是由全系统筹组织的建筑设计课程，形式主要有联合设计，自命题建筑 / 城市设计（含双语教学和专门化命题），共开设约 24 项设计课程；第二类是由各个导师主导的自命题建筑设计。另外，还有参加与国外院校联培双学位项目或交流的学生在合作院校修学的设计课程。

联合设计

联合设计是建筑系硕士研究生建筑设计课程的主体之一，分别于秋季、春季两个学期开设。在目前开设的联合设计课程中，多为与欧、美、日本等国相关院校交流所设置的设计项目。其中，设计命题中一般会含有理论研究与应用、案例与环境调研、特定环境和专门化技术研究与设计等内容，也有设计竞赛题目。教学目的以拓展、交流、调查、研究等为侧重点。

自命题设计

在两个学期均有开设的自命题建筑 / 城市设计课程中，70% 以上为英语课程，对留学生和双学位学生开放。其中，基于不同文化、环境背景下的设计、方法论的实践，以及专门化技术等设计内容的命题成为主导，注重设计中理论的学习与应用，设计方法的深入了解，以及在不同语境下视野的拓展，对专门化技术的了解和认识等。

导师自命题设计及其他

导师自命题设计也是硕士研究生的必修课程。课程以学生参与导师的设计或教学实践为基本内容。导师可以自主命题，目的是强化设计实践和实务的体验教学，深入了解设计技术，提高处理实际问题的能力。另外，双学位、交流项目的合作院校也为设计课程提供了多样化设计课程平台。

国际视野的高密度地区城市设计

同济大学建筑与城市规划学院与美国华盛顿大学建筑学院以“高密度城市研究”为主题，拓展学生的“国际视野”为核心，典型“国外基地”为对象，开展联合城市设计课程教学。教学从每年五月初持续至七月末，主要针对国际大都市高密度地区开展城市设计研究，历经实地考察美国典型城市、听取华盛顿大学资深教授课程、国外城市及基地专题研究、国外基地方案设计等联合设计教学环节。参加的老师为双方的教师与职业建筑师，包括同济大学庄宇、杨春侠、黄林琳，美国华盛顿大学 John Hoal, 集合设计公司主持建筑师卜冰。

本课程历年涉及的基地都是国际大都市高密度的核心区域，让同学们可以面对一个不同文化背景下的陌生的城市与基地，在不受本国固有文化背景与思维模式的影响下开展城市研究与设计。

1. 张林琦、郗晓阳，Shared Living Room，同济大学—圣路易斯华盛顿大学联合城市设计课程教学，鸟瞰图。

2. 张林琦、郗晓阳，Shared Living Room, 同济大学—圣路易斯华盛顿大学联合城市设计课程教学，轴测图。

同济和夏约在遗产保护方面的合作已有十多年的历史，这项联合设计自 2007 年启动，已相继在安徽查济、山西梁村、山西水磨头村、贵州增冲村成功举办过四次。

贵州增冲联合教学选择了贵州增冲侗寨风土遗产做为设计对象，规划层面的设计覆盖了整个村落及其周边景观；建筑层面的设计除对村落建筑遗产的整体调查外，还针对鼓楼区域、风雨桥和一组民居及其周边进行了详细修复和利用设计。参加者包括夏约学校的 2 名教师和 10 名同学、同济大学的 2 名教师和 10 名同学。法国学生多是具有丰富经验的建筑师，通过在夏约的学习并毕业后，他们将获得参与国家列级建筑遗产保护项目的资格；同济学生则是来自建筑系、规划系的遗产保护方向的硕士研究生和博士研究生，他们中的部分本科毕业于同济大学的历史建筑保护工程专业。

这是一项围绕乡村聚落与风土建筑开展的教学活动，所选择的教学对象体现了文化遗产的意义和重要性，往往兼具了丰富的人文背景和历史层次，独特的建筑结构，复杂的病理破坏以及再生的需求，使得保护工作必须始于对大量信息的采集、解读和诠释。通过这项联合设计，学生们将学习从在宏观的区域层面、中观的聚落层面和微观的建筑层面，对物质、社会、经济、文化等方面进行分析和综合处理。他们必须掌握多学科团队合作工作方法，根据当时所呈现的问题汇集相应的专家。并且需要一套严谨的工作方法来完成对一个事物的解读、描述、诊断和分析。

1. 贵州增冲联合教学，共享空间：公共空间的其他使用方式，山上的视角（西北）。

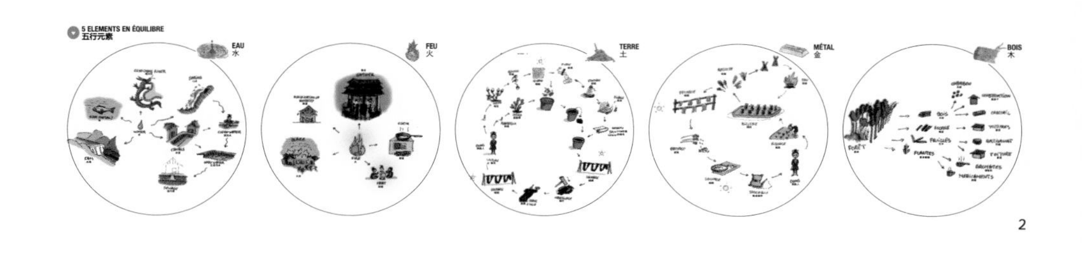

2

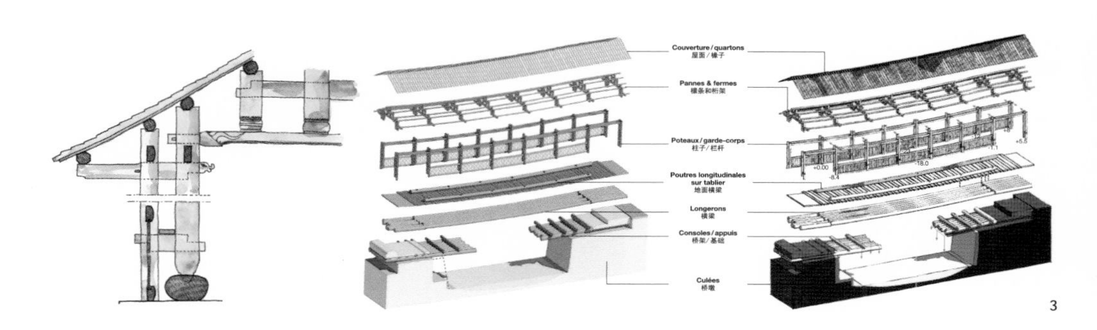

3

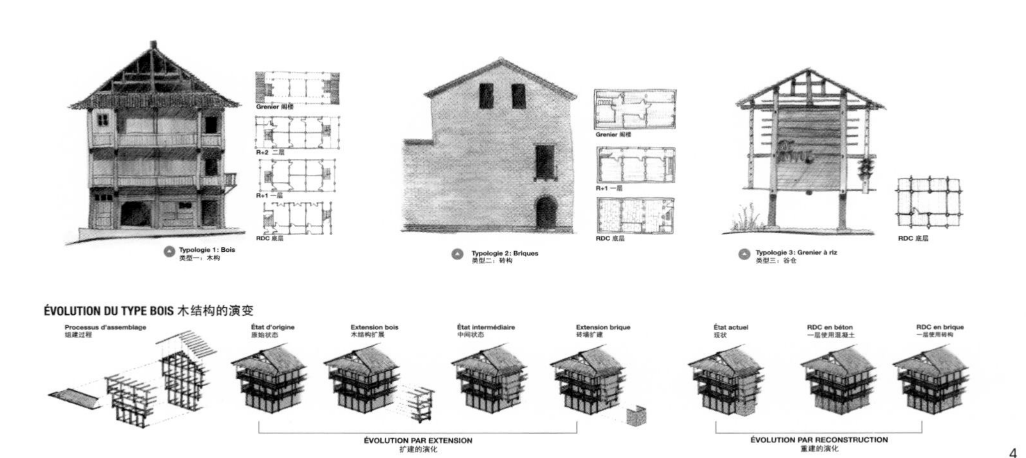

4

2. 贵州增冲联合教学，一种基于循环经济的生活方式，五行元素。
3. 贵州增冲联合教学，风雨桥病害分析。
4. 贵州增冲联合教学，建筑结构类型。

3D 网络——高层建筑作为城市基础设施和活力的延伸

由同济大学担纲，并由高层建筑和城市人居环境学会（CTBUH）和 KPF 事务所协助的合作性设计课题。

西部建造高层建筑的热潮在“后经济衰退时期”停滞了好多年之后，16 栋超过 300 m 的塔楼开始在纽约动工，纽约又复活了。在纽约这个城市中，同时发展起了若干个新的都市类型——多样的功能计划和公共空间类型被混合在一个三维的矩阵中。并且，有弹性的基础设施（用来应对越来越频繁的气候变化）和优质的公共空间，这两者日益增加的重要性更加促成了一个迷人的混合。

这个合作设计课题意在探索真正的 3D 城市对于高层建筑的意义：将超密度的发展置于主要的城市基础设施之上，同时又能提供真正的公共空间。

1. 陈艺丹、李北森、魏超豪、周阳，三维网络——高层建筑作为城市基础设施和活力的延伸，空塔，沿街透视图。
2. 程思、李祎喆、张谱、赵音甸，三维网络——高层建筑作为城市基础设施和活力的延伸，微型纽约，透视图。

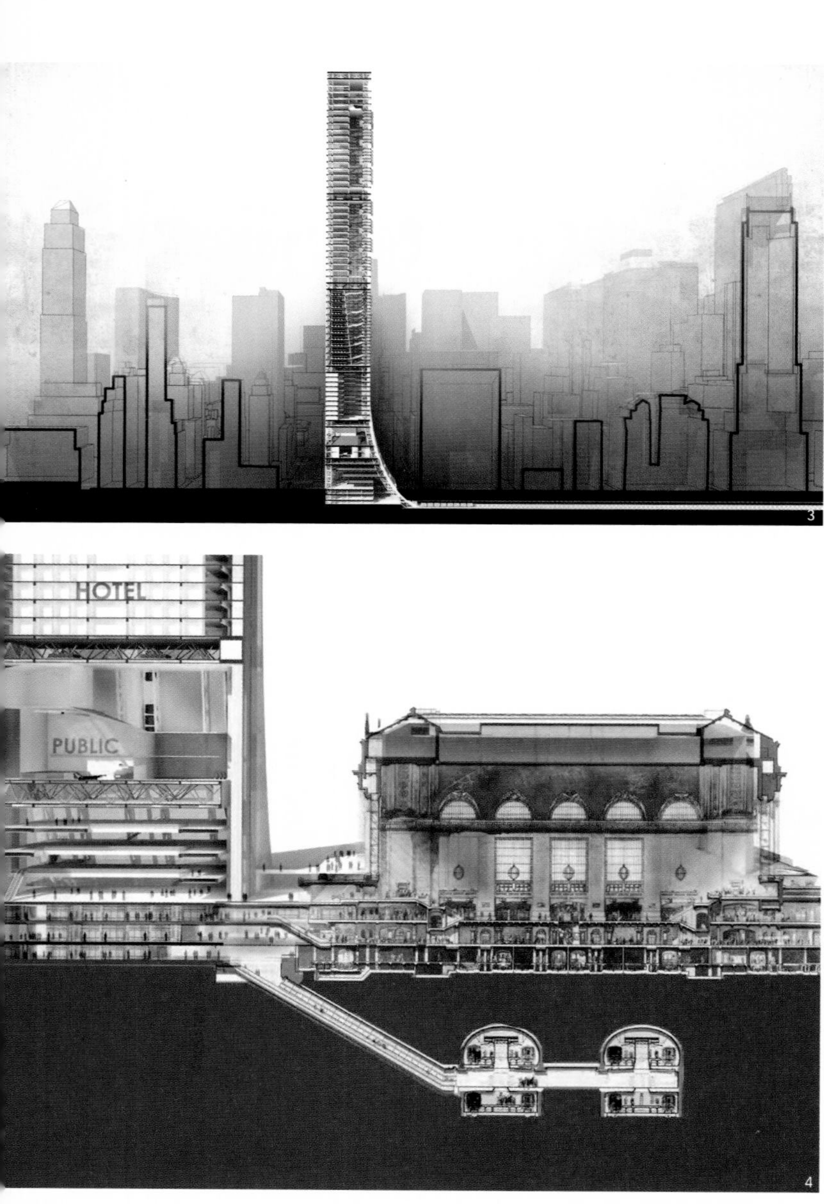

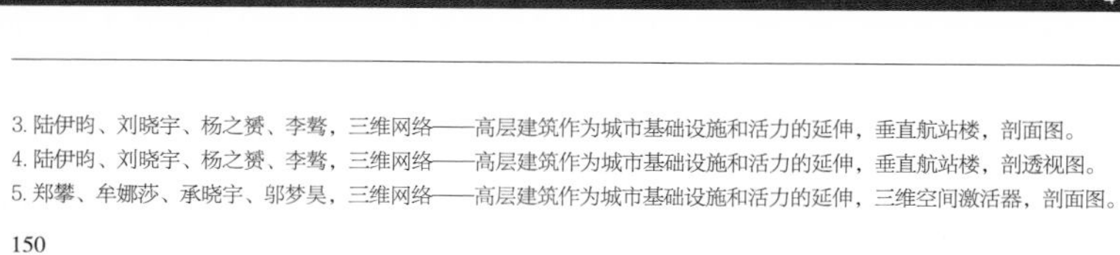

3. 陆伊昀、刘晓宇、杨之赟、李骜，三维网络——高层建筑作为城市基础设施和活力的延伸，垂直航站楼，剖面图。
4. 陆伊昀、刘晓宇、杨之赟、李骜，三维网络——高层建筑作为城市基础设施和活力的延伸，垂直航站楼，剖透视图。
5. 郑攀、牟娜莎、承晓宇、邬梦昊，三维网络——高层建筑作为城市基础设施和活力的延伸，三维空间激活器，剖面图。

6. 郑攀、牟娜莎、承晓宇、邬梦昊，三维网络——高层建筑作为城市基础设施和活力的延伸，三维空间激活器，渲染图。

7. 教学照片。

History, Theory and Criticism Courses

历史、理论与评论类课程

外国建筑史 / 西方近现代建筑理论与历史 / 建筑评论

建筑历史、理论与评论课程系列与研究生阶段课程是密切关联的，在这个阶段设有“建筑历史与理论前沿”“西方现代建筑理论与历史”“传统营造法”“建筑人类学”“建筑设计的历史向度”“专题中外建筑史”“建筑评论”等深度课程及专题讲座。此外还为外国留学生开设了英语课程“中国传统建筑”（Traditional Chinese Architecture）、“中国当代的建筑与城市”（Contemporary Architecture and Urbanism in China: Discourse and Practice）、“中国当代建筑导读”（An Introductory Course on Studies of Modern Chinese Architecture: Paradigms and Themes）等。

外国建筑史（卢永毅主讲）

这门课程是关于西方建筑历史的深入学习，一方面引导学生展开广阔文脉中的建筑历史阅读，从中认识西方建筑传统及其学科发展的独特性，另一方面也通过多种历史文本的学习，使学生认识历史叙述的多样性及其背后的方法论。

课程选择了包括从文艺复兴到 20 世纪初现代运动的各个历史时期各种有关建筑师、建筑作品以及建筑理论研究的文献，展开若干专题学习，以进一步认识西方建筑如何从古典传统向现代发展的历史过程。具体分三个部分：第一部分是对文艺复兴时期建筑历史的阅读，关注其建筑师们的古典途径，在理论与设计实践上的成就，以认识西方古典传统的重要内涵；第二部分通过对 17—19 世纪建筑观念和设计思想演变的学习，认识社会、政治、文化及其科学思维变革下西方建筑的历史转折，并关注城市文脉中的历史建筑阅读；第三部分是对 20 世纪现代建筑起源与发展的学习，以多种历史文本的比较阅读认识现代建筑史的建构特征及多种叙述，认识史学编撰对于 20 世纪建筑学科发展的影响作用，以建筑师及其作品的多种阅读，建立基于多视角和多方法的批判性历史的学习。本课程以支持教师系列讲座为主，穿插特邀学者的专题讲座。

西方近现代建筑理论与历史（王骏阳主讲）

本课程由一系列主题讲座构成。它努力以开放的视野和动态的方式为学生提供了解近现代以及当代建筑思潮和建筑理论发展状况的窗口，并力求在社会文化发展的背景中展现建筑学科历史的内涵和意义，启发学生的理论思维和批判精神。讲课内容每学期不尽相同。作为考核，学生必须提交与课程内容相关的读书报告。

建筑评论（郑时龄、章明主讲）

罗小未教授率先在同济开设了建筑评论课，并建立了学科的提纲。建筑评论课开设的初衷是教会学生用理论武装自己，以批评意识去分析作品和建筑师，引进了文学批评和艺术批评理论，融建筑史、建筑理论、艺术史和艺术理论、文学批评理论、哲学、美学为一体。本课程的专业培养目标是培养学生的批评意识，拓宽视野，掌握基本的理论知识，并在实践中加以应用。目前郑时龄教授和章明教授的建筑评论课仍然是领域内全国范围开设最早，课件资料最丰富，师资力量最强的课程。

表 1. 研究生阶段建筑历史、理论与评论课程列表

课程名称	授课老师	课时	授课对象
建筑评论	郑时龄、章明	36	研究生
中国建筑史	常青	36	研究生
中国营造法	李浈	36	研究生
中国古代建筑文献	刘雨婷	36	研究生
中国园林史与造园理论	鲁晨海	36	研究生
中国传统建筑工艺	李浈	36	研究生
建筑人类学	张晓春	36	研究生
古建筑鉴定与维修	鲁晨海	36	研究生
中国古典建筑考察	李浈	36	研究生
近现代建筑理论与历史	王骏阳	36	研究生
建筑与城市空间研究文献	郑时龄、沙永杰、华霞虹	36	研究生
外国建筑史	卢永毅	36	研究生
建筑设计中的历史向度	卢永毅	36	研究生
西方建筑历史理论经典文献阅读	王骏阳	36	研究生
当代建筑师的理论与作品评述	李翔宁	36	研究生
日本近现代建筑	沙永杰	36	研究生
上海建筑史概论	钱宗灏	36	研究生
中德建筑比较	李振宇	36	研究生
近现代西方艺术思潮与作品分析	梅青	36	研究生
东亚城市历史发展	张冠增	36	研究生
建筑城市比较文化论	李斌	36	研究生
Syllabus for Postgraduate Courses	张永和	36	研究生
An Introductory Course on Studies of Modern Chinese Architecture: Paradigms and Themes	华霞虹、王凯	36	研究生
Contemporary Architecture and Urbanism in China: Discourse and Practice	李翔宁、华霞虹、周鸣浩	36	研究生
Traditional Chinese Architecture	常青、李颖春	36	研究生

Building Technology Courses

技术类课程

研究生的建筑技术课程立足于建筑环境控制、绿色建筑与现代建造技术展开。建筑技术科学研究方向为：建筑节能及绿色建筑、建筑建造和运行相关技术、建筑物理环境、建筑设备系统、智能建筑等综合性技术。

在早期著名建筑声学专家王季卿教授、建筑构造创始人傅信祁教授、建筑热学翁致祥教授、建筑光学杨公侠教授创建的建筑技术教学体系基础上，各建筑技术方向的教授结合自己的科研与设计实践进行研究生教学工作，主要开设有：绿色建筑与环境控制团队责任教授宋德萱的“节能建筑原理”课程、建筑建造技术团队责任教授颜宏亮的“建筑外围护结构与构造”课程、郝洛西“建筑与城市光环境”课程，还有其他课程：建筑与声环境、建筑能源概论、环境心理学、建筑安全消防技术、结构选型、环境控制与设备选型、建筑的结构与材料、数字化设计与方法、数字化图解设计方法研究、现代建筑技术引论、可持续建筑的能源与环境；还有由建筑技术学科所有教师参与的合作讲授课程——建筑技术科学基础等。

现代建筑技术教学高度关注高密度城市与建筑的绿色与生态设计与技术、传统城镇绿色与节能技术留存研究、历史建筑保护更新的绿色与节能技术、城市高层建筑外围护体系的节能与环境控制技术、建筑建造技术的细部设计与技术、城市与建筑光环境设计与技术、建筑自然采光与节能技术研究、建筑环境与舒适性能技术、城市热岛效应与绿色节能技术研究等，目前关于研究生建筑技术教学课程体系将充分结合以上研究领域，进行教学课程设置、教学内容与大纲的更新与提高。

Postgraduate Thesis

硕士论文

表 1. 2014—2015 学年建筑系硕士学位论文清单

序号	姓名	学科	导师	论文题目
1	贝丝	建筑学	蔡永洁	中国城市广场的挑战；中国式内向性与西方式的外向性的融合
2	耶妮	建筑学	蔡永洁	城市滨水空间的再造；苏州河岸的建设发展研究
3	吉菲	建筑学	曹庆三	中国魔盒；对同济电影学院剧院的再设计
4	美兰	建筑学	岑伟	通过数码城市导航；上海：移动技术促生的城市空间新实践
5	帕利娜	建筑学	陈易	材料再利用和循环利用研究：以崇明岛瀛东村农业生态学校设计为例
6	里卡多	建筑学	陈泳	城市地铁站的步行环境评价：上海陕西南路站，延长路站与莘庄站的比较研究
7	马苏	建筑学	李丽	Human oriented indoor space design-implementation in an out-patient waiting area
8	罗伦	建筑学	李浈	The seeds of urban vernacular-possible evolution and spread of selfbuit architecture in metropolitan environment
9	菲利普	建筑学	李振宇	面向青年的小户型设计——中国保障性住房的创新类型研究
10	阿历桑德罗	建筑学	卢永毅	The wisdom of tradition-towards a new regionalistc architecture
11	曹海博	建筑学	孙彤宇	城市地下公共空间开发与步行系统空间整合研究
12	张灏	建筑学	孙彤宇	基于空间句法的社区商业空间自组织特性研究
13	李卡	建筑学	涂慧君	说教式的农村社区：想法在大成新城发展的新区
14	劳拉	建筑学	王凯	Arabic Migrants in the City of YIWU-A case study of the impact of the New Silk Road on Chinese Urban Development
15	路塔	建筑学	王志军	城市化的上海郊区乡村——以临港新城泥城社区为调研案例
16	梅萨德	建筑学	魏崴	滑雪未来——论中国滑雪度假区的设计与开发
17	许登越	建筑学	徐风	初论都市中临时性闲置空间的都市问题与改善策略——以上海市中心区域内待拆迁地块为例
18	帕斯	建筑学	徐磊青	作为舞台的公共空间 : 以行为观察为工具的南京东路地块广场设计
19	皮埃尔	建筑学	杨春侠	Nature oriented design strategies in waterfront areas-a case study of houtan park in shanghai
20	乔治	建筑学	俞泳	Towards a more sustainable Shanghai? A sustainability evaluation of Shanghai's rapid urbanisation period with a focuson housing development
21	之间	建筑学	张鹏	Collective Memory and Ordinary Monuments-Case Study of the Shanghai Everyday Life, Memory and Historic Space
22	费马	建筑学	周静敏	高层住宅建设的混合形式——一种全新的郊区住宅建设方法
23	约拿斯	建筑学	庄宇	对中国新城项目紧凑型城市形态的调查——以中新天津生态城和临港新城为例
24	卢爱伦	建筑学	左琰	反思上海里弄住宅社区——基于社区重建的里弄再生策略

续表 1

序号	姓名	学科	导师	论文题目
25	克拉克	建筑学	陈易	用非常规材料建造——中美填埋物废弃物再生
26	菲欧	建筑学	钱锋	“结构的建筑”风格：二十世纪末到二十一世纪初的体育馆建筑设计研究
27	库特	建筑学	王一	医疗建筑中过渡空间的形态学研究
28	李熙万	建筑与土木工程	李兴无	校园建筑的空间塑造——以上海金融学院扩建二期项目为例
29	沈洁	建筑与土木工程	李兴无	批量精装修项目精细化管理研究——以中海紫御豪庭为例
30	刘庆春	建筑与土木工程	宋德萱	建筑外遮阳设计初探
31	张念龙	建筑与土木工程	周晓红	上海市集合住宅居室空间尺度研究
32	吴静	建筑学	蔡永杰	现实中的开放式居住街区——湖南衡阳的三个案例研究
33	赵剑男	建筑学	黄一如	中小套型住宅卫浴空间设计研究——以上海为例
34	沈晓飞	建筑学	李麟学	气候适应及能量协同的高层建筑界面系统研究
35	韦惠兰	建筑学	李振宇	住宅阳台的创新设计——以柏林为例
36	袁兆运	建筑学	孟刚	非线性建筑的数字工业化建造
37	何玉文	建筑学	颜宏亮	上海新建居住小区机动车多模式停车技术探讨
38	应孔晋	建筑学	张建龙	居住性历史街区的自发性建造比较研究——以上海山阴路和威尼斯 Campiello DaLa Cason 为例
39	吕婷婷	建筑学	周静敏	关于青年人公共租赁住房居住实态的调查研究与分析——以上海地区为例
40	应佳	建筑与土木工程	陈易	流动的空间——滨水建筑内外空间的互动设计研究
41	张娉婷	建筑学	蔡永洁	慢速街区的特征与策略——曲阳新村改造设计研究
42	曹含笑	建筑学	蔡永洁	从封闭小区到封闭组团——街区式组团居住模式设计策略研究
43	储皓	建筑学	蔡永洁	类型学原则下的地域性空间实践——“汉口小镇”城市设计
44	顾全	建筑学	曹庆三	关于长兴县钟楼区城中村的叙事探究
45	盖燕茹	建筑学	岑伟	既有建筑改造中的隐匿性设计方法研究
46	陈荟宇	建筑学	岑伟	从感知开始—建筑设计中的结构意识养成与实践方法研究
47	周乐	建筑学	常青	海南古城门形制与结构及地域谱系研究——以儋州城门为例
48	张海滨	建筑学	常青	从“过白”看赣北敞厅——天井式住居类型及谱系流布
49	王旸	建筑学	常青	徽州住宅堂楼结构与装饰的演变及其成因分析
50	王兰	建筑学	陈保胜	建筑构造对抗震能力影响的研究
51	刘昱辰	建筑学	陈镌	当代建筑的结构表现——结构理性主义对建筑的影响
52	赵君彦	建筑学	陈镌	保罗·波多盖西的思想及作品分析
53	鞠颖	建筑学	陈易	超高层建筑形体与碳排放量的关联性研究——以上海办公建筑为例
54	王良	建筑学	陈易	地铁车站设计中的地域特征研究——以巴黎地铁车站设计为例
55	薛天	建筑学	陈易	基督教教堂室内空间宗教含义及其演化历程研究初探
56	张一功	建筑学	陈泳	美国街道设计转型及启示——基于设计导则的分析

续表 1

序号	姓名	学科	导师	论文题目
57	左雷	建筑学	陈泳	街道底层界面形态对步行活动的影响分析——以上海四条社区型商业街道为例
58	唐雅欣	建筑学	戴仕炳	井冈山地区生土建筑遗产保护策略及其材料修复技术研究——以下七乡刘氏房祠为例
59	董强	建筑学	戴颂华	居家养老群体出行轨迹和社区设施的调查研究
60	江昊	建筑学	戴颂华	生态位视角下的集约化中学校园设计研究——以上海市中心城区为例
61	刘敬	建筑学	董春方	现代生活方式下石库门住宅再生设计研究
62	李科璇	建筑学	董春方	城市高密度环境下的建筑次级地面研究——基于亚欧典型案例的研究
63	张萌	建筑学	郝洛西	心血管内科医疗空间情感性光照设计研究
64	陈默	建筑学	胡滨	行为・感知・空间——日本 70 代建筑师的身体思考与建筑表现
65	胡潇	建筑学	胡滨	结构与身体的对话——基于空间体验与感知的结构逻辑探究
66	蔡怡靖	建筑学	胡滨	预应力混凝土墙板体系下墙体的结构 - 空间双重属性研究——以瑞士四个现代建筑为例
67	张佳玮	建筑学	黄一如	维也纳红色住宅的发展演变及启示
68	王佳文	建筑学	黄一如	新城市主义的中国适应性辨析
69	董嘉	建筑学	黄一如	基于中德比较的既有住宅综合改造手法研究
70	恽韵	建筑学	李斌	基于生态几何学的商业步行街视觉变化分析
71	黄小彤	建筑学	李斌	日间照料中心的老年人生活行为调查——以蒙扎 S 日间照料中心为例
72	梁天驰	建筑学	李斌	三线厂历史变迁中老年人的环境行为研究
73	苏恒	建筑学	李立	形的逻辑——欧洲当代博物馆建筑案例研究
74	曲文昕	建筑学	李立	苏州古典园林中窗空间的解读——以艺圃为例
75	李皓	建筑学	李立	当代中国博物馆地域性表达策略研究
76	李霁原	建筑学	李立	基于叙事——知觉逻辑的苏州古典园林中路径的研究
77	王逸清	建筑学	李麟学	被动式技术在西班牙当代建筑中的设计体系与方法研究
78	毛杰仪	建筑学	李麟学	法国当代建筑被动式设计方法与实践研究
79	李静	建筑学	李麟学	微环境模拟与城市高层建筑集群布局的互动设计研究
80	白菲	建筑学	李翔宁	文化事件和传媒产业导向的上海西岸地区旧工业区更新模式研究
81	王雨佳	建筑学	李兴无	电子商务影响下的社区商业中心业态与空间规划研究
82	张聪楠	建筑学	李兴无	电商时代下城市商业综合体的体验性塑造研究
83	杨颖	建筑学	李兴无	电子商务影响下大型专业零售商店建筑设计策略初探——上海市杨浦区五角场苏宁调研报告
84	张鸿飞	建筑学	李浈	“扛梁与篙尺”——武夷山下梅古村乡土建筑及其营造技艺探讨
85	杨世强	建筑学	李浈	廉村乡土聚落的空间结构及建筑形制
86	肖璐	建筑学	李振宇	既有城区新住宅的嵌入式设计手法研究——以米兰新住宅为例
87	王振宇	建筑学	李振宇	米兰高层住宅设计的发展趋势与特点分析

续表 1

序号	姓名	学科	导师	论文题目
88	齐志一	建筑学	李振宇	开放与多元——马尔默 Bo01 住区设计策略研究
89	付美祺	建筑学	林怡	基于光生物效应的办公室光环境设计（策略）研究
90	张愚峰	建筑学	刘敏	动态建筑表皮的互动性技术与优化设计研究
91	吴丽嘉	建筑学	卢永毅	上海徐家汇近代教会建筑及其城市空间研究
92	倪江涛	建筑学	卢永毅	近代上海石库门里弄公馆的建造研究初探
93	孔明姝	建筑学	鲁晨海	晋商文化影响下的晋中明清城市商业空间研究——以平遥、祁县为例
94	程深	建筑学	梅青	上海近现代名人故居的保护历程研究
95	郑紫嫣	建筑学	梅青	广州与厦门近代骑楼街道及骑楼建筑比较研究
96	邓凯文	建筑学	沐小虎	上海商业综合体设计模式问题初探
97	王未来	建筑学	彭怒	日常性生活空间的生长与演变——以菜市场为依托的街道生活空间对上海工人新村社区活力的影响
98	何静	建筑学	彭怒	现代性与地域性：1980 至 1990 年代新疆地区现代建筑研究
99	苏海锋	建筑学	彭怒	老年人与儿童共同活动的户外公共空间活力研究——以上海鞍山新村为例
100	杨艺	建筑学	彭怒	跨界奇才（uomo universale）——卡罗·莫里诺的建筑、家具及其他
101	刘晓荆	建筑学	彭怒	华东水利学院工程馆研究——20 世纪 50 年代初同济现代建筑探索管窥
102	戴一正	建筑学	戚广平	建筑的差异性与关联性——苏州园林与宅院空间的对比研究
103	王森民	建筑学	钱锋	1920 年代宾夕法尼亚大学艺术学院建筑系建筑教育研究
104	吉策	建筑学	钱锋	江浙地区体育场馆发展研究
105	祝乐	建筑学	钱锋	体育场改造设计策略与方法研究——以意大利体育场改造为例
106	罗国夫	建筑学	钱锋	基于参数化方法的体育建筑表皮生态节能设计研究
107	赵诗佳	建筑学	钱锋	当代上海体育建筑改造研究
108	吴杰	建筑学	曲翠松	现代木材在建筑中的应用研究
109	姚辰明	建筑学	任力之	城市微观公共空间与相邻建筑的协同更新研究
110	刘静文	建筑学	阮忠	从风格回归建造—Lewerentz 建筑语言及其演变研究
111	郭欣	建筑学	沙永杰	白文村的发展变迁及其现状现象研究
112	卢帕	建筑学	沙永杰	关于城市与大学之关系的社会分析 - 以帕维亚大学为例
113	樊鹏涛	建筑学	佘寅	高层建筑空中联接设计研究
114	孙伟立	建筑学	宋德萱	低层高密度——上海“窟式”聚居社区生态节能改造探索研究
115	李群玉	建筑学	孙澄宇	数字化设计方法在面向太阳能的城市设计中的应用初探
116	吴慧	建筑学	孙彤宇	多层面步行系统可达性的空间句法方法分析及优化
117	赵玉玲	建筑学	孙彤宇	高密度城市中心区 TOD 模式的优化策略——以上海地区为例
118	孟详皓	建筑学	孙彤宇	步行空间服务等级模型研究——基于高密度城市中心区步行者行为特征

续表 1

序号	姓名	学科	导师	论文题目
119	雷少英	建筑学	孙彤宇	基于现象学与空间句法的步行系统节点设计
120	艾莎	建筑学	孙彤宇	社区公共空间的中西对比研究
121	李阳夫	建筑学	汤朔宁	绿色体育建筑形态设计研究——以体育馆为例
122	郭斯文	建筑学	汤朔宁	体育建筑形态仿生设计研究
123	史佳鑫	建筑学	汤朔宁	体育建筑可开合屋面设计研究——以游泳馆为例
124	苏宗毅	建筑学	涂慧君	大型复杂项目建筑策划群决策的决策主体研究
125	姜乃婧	建筑学	涂慧君	量化指标体系下长三角大学校园与其周边区域一体化的互动关系研究
126	宋嘉诚	建筑学	涂慧君	新建大学校园推动周边地区新型城镇化发展——西部大学校园的数据分析研究
127	刘相诚	建筑学	王伯伟	滨水空间封闭性与开放性研究——巴黎塞纳河对上海黄浦江启示
128	江启	建筑学	王伯伟	老年友好型城市视角下步行系统研究
129	李晴	建筑学	王伯伟	消费转型视角下商业综合体外部空间研究
130	苏晓睿	建筑学	王伯伟	现代图书馆自然采光设计的诗意表达
131	王宇	建筑学	王方戟	源于抽象数列的空间比例系统——汉斯范·德·拉恩的建筑设计方法研究
132	陆少波	建筑学	王方戟	江南地区乡村住宅空间及环境关系的演变与特征—以常熟为例
133	董晓	建筑学	王方戟	浙南新农村建设中的统一设计与落实的对比——以浙江丽水利山村为例
134	马鹤瑛	建筑学	王红军	骑楼制度与城市改良——近代海口骑楼街区形成机制研究
135	王沁冰	建筑学	王建强	商业综合体的动线更新研究——以上海的三个案例为例
136	钟华	建筑学	王骏阳	建筑与环境整合的批判性研究
137	汪大建	建筑学	王凯	介入历史环境的结构——弗兰克·阿尔比尼的设计思想与作品分析
138	何彬	建筑学	王文胜	医疗建筑护理单元人性化设计研究
139	徐林昊	建筑学	王一	城市高密度地区公共空间建构与地下公共空间设计策略
140	郭媛	建筑学	王一	安塞城市公共空间更新的“织补”策略
141	郑奋	建筑学	王一	景观都市主义视野下高密度城市公共空间建构策略研究
142	杨璞	建筑学	王一	旧城更新中的地下公共空间设计策略研究
143	阚雯	建筑学	王桢栋	协同效应视角下的城市建筑综合体文化艺术功能价值创造
144	单超	建筑学	王志军	基于四个典型案例分析的种植屋面研究
145	张宇	建筑学	王志军	上海 K11 购物艺术中心主题化设计调研报告
146	从日那	建筑学	王志军	为跨国主义空间现象的外籍人员住房 ——以上海为例
147	张明莹	建筑学	吴长福	动态建筑表皮的气候适应性设计研究
148	李唐	建筑学	吴长福	历史建筑再利用设计中对“缺损”的干涉研究——以意大利当代实践为例

续表 1

序号	姓名	学科	导师	论文题目
149	魏嘉	建筑学	伍江	上海市历史街道环境更新历程研究
150	林恺怡	建筑学	伍江	上海风貌保护道路的功能更新研究——以徐汇区新乐路为例
151	王叶	建筑学	谢振宇	基于风环境模拟的高层建筑扭转形态的环境评价和优化策略
152	杜进	建筑学	谢振宇	延续街区形态结构的旧城商业空间更新设计研究
153	周婕婷	建筑学	谢振宇	基于风环境模拟的高层建筑贯通洞口设计的生态价值研究
154	匡恩	建筑学	谢振宇	摩天楼与自然的关系——关注绿色墙面的使用
155	徐武	建筑学	徐风	从整合到介入再到共生——旧建筑再造精品酒店设计方法研究
156	沈思靖	建筑学	徐洁	城市轨道交通站点与商业的立体衔接设计研究 - 以上海市六个站点为例
157	孙蕾	建筑学	徐磊青	集约式轨道交通综合体空间效能研究——以上海案例的研究为例
158	唐枫	建筑学	徐磊青	轨交综合体空间效能分析研究——以上海三个轨交站域为例
159	刘念	建筑学	徐磊青	上海轨道交通站域立体步行系统效能研究
160	尚维	建筑学	杨春侠	以连续为导向的“城市跨河慢行系统”建构策略
161	胡延康	建筑学	杨春侠	支持城市跨河公共活动的机动交通组织模式研究——基于“人车和谐互惠”的视角
162	迪里巴	建筑学	姚栋	马哈拉的社会互动研究——公共与私有空间中的文化与韵律
163	姜白丽	建筑学	俞泳	植物与园林空间的关联性研究
164	张媚	建筑学	袁烽	基于互动行为的建筑表皮设计方法研究——技术视角下的人性化与互动性
165	张良	建筑学	袁烽	算法几何的形态生成与空间转化
166	许文涛	建筑学	袁烽	基于环境性能分析的算法生形研究——以多目标遗传算法在建筑表皮中的应用为例
167	谢一轩	建筑学	曾群	虹口区典型城市空间研究——基于空间的社会属性
168	崔潇	建筑学	曾群	“模糊”的结构——基于建构的视角对非理性结构的解读
169	曾毅	建筑学	曾群	当代建筑界面空间化的设计方法研究与实践
170	张雅楠	建筑学	张斌	“溢出”的生活——田林二村居住空间非正规更新研究
171	徐杨	建筑学	张斌	非正规生活空间的介入—基于田林便民服务集合体的日常生活空间实践
172	孙嘉秋	建筑学	张斌	取用与合作：田林二村中的社群共生与共有空间的公共化研究
173	周鑫磊	建筑学	张凡	整体保护视角下平遥古城形态演变与有机更新策略研究——以古城6个街块为例
174	范斯媛	建筑学	张凡	博物馆在历史街区振兴中的触媒策略研究——以上海提篮桥历史街区为例
175	陈丽婷	建筑学	张凡	威尼斯城市广场空间形态与特质研究
176	郭越	建筑学	张洛先	博物馆体验性空间设计策略

续表 1

序号	姓名	学科	导师	论文题目
177	陈静忠	建筑学	张洛先	高校图书馆研习空间设计研究
178	刘思远	建筑学	张鹏	基于 GIS 的钱塘江流域风土合院关键特征分析
179	王绪男	建筑学	章明	建筑精致化设计初探——系统整合视角下的中国当代建筑
180	武筠松	建筑学	章明	上海工业化保障住宅部品集成系统探研
181	章昊	建筑学	章明	当代中国在地建筑实践探究
182	袁琦	建筑学	赵巍岩	基于统计手段的国内当代建筑学词汇研究
183	史沛鑫	建筑学	赵巍岩	基于最大共用边算法的建筑空间组合优化方法研究
184	王轶群	建筑学	支文军	从传统乡村聚落到当代“超级村庄”——傅山村形态特征与演化机制研究（1984-2014）
185	陈海霞	建筑学	支文军	"空间共享"在柏林共同住宅中的文化理解与实践
186	苏杭	建筑学	支文军	建筑批评在中国建筑传媒奖中的产生和传播
187	陈实	建筑学	周静敏	层次理论在开放住宅方法中的应用研究——大阪 NEXT21 实验集合住宅的建构解析
188	卢骏	建筑学	周晓红	保障性住房居住者户外活动研究——上海市农村动迁安置房住宅小区调查
189	马欣	建筑学	周晓红	意大利社会住宅研究——以米兰为例
190	夏琴	建筑学	朱晓明	遗产岛——上海复兴岛产业建筑群的历史沿革与特征研究
191	魏烯醇	建筑学	朱宇晖	析“象”知“原”——上海老城厢“湖心亭”场域空间形式变迁分析
192	朱晓静	建筑学	庄宇	上海轨道交通站域的空间使用研究——以中心城区为例
193	侯晨	建筑学	庄宇	瑞典哥德堡市轨道交通站点区域人车路径和空间使用的关联性研究
194	赵璘	建筑学	庄宇	上海市中心区轨交站域交通可达性与空间使用的协同研究
195	陆文婧	建筑学	庄宇	轨道交通站域人车路径的模式与分析
196	龙羽	建筑学	宗轩	上海地区中、小型体育馆看台空间布局与风压通风的协同机制及设计策略研究
197	叶长义	建筑学	左琰	上海民国“中国风”建筑实践及其室内装饰特征研究
198	白石	建筑学	左琰	上海历史建筑保护的角色——Kokaistudio 案例研究
199	邓雄	建筑与土木工程	李斌	大型综合医院门诊部设计策略研究——以长海医院门诊部使用后评价为例
200	蔡漪雯	建筑与土木工程	李兴无	现代医学模式下综合医院医技区设计模式初探
201	李文婕	建筑与土木工程	李兴无	国内滨水旅游度假酒店公共空间人工水体运用初探
202	朱博文	建筑与土木工程	谢振宇	高层病房楼人性化设计研究
203	吕天舟	建筑与土木工程	颜宏亮	模块化钢结构住宅设计与构造技术探讨

FEATURED PROGRAMS

专业教育 · 特色教育

Cross-discipline Program

复合型创新人才实验班

“复合型创新人才实验班”是同济大学建筑与城市规划学院为本科跨专业培养模式的探索而设置的班级。由国家“千人计划”引进同济大学建筑与城市规划学院的张永和教授领衔并把控专业发展方向。该班由来自建筑、规划、景观、历史建筑保护、室内五个专业的本科生组成。他们从二年级第二学期开始到四年级第一学期结束，在实验班中完成 2 个学年的学习，结束后回到各自的专业完成剩余课程。从 2011 年至今，实验班已经延续开设了四届。

在实验班学习期间，学生要共同学习各专业的相关课程。从课程设置上看，该班所学的课程是从建筑、规划、景观、历史建筑保护、室内五个专业的相关课程中精选出来的。其中大多数课程都与相关专业的其他同学一起分享。学院专门为该班设置的课程有：所有设计课、一门结构课、一门历史及理论课。

设计课是实验班的核心课程，并由院内外的老师共同负责。来自各专业的王方戟、章明、胡滨、王凯、王红军、岑伟、田宝江、钮心毅、周向频、董楠楠等教师组成院内的教学团队；来自不同设计机构的七位实践建筑师柳亦春（大舍建筑）、张斌（致正建筑）、祝晓峰（山水秀）、庄慎（阿克米星）、王彦（绿环建筑）、水雁飞（直造建筑）、王飞（加十设计）组成客座教学团队参加设计教学。

在 2 年的学习过程中，实验班的学生共要参加 7 个设计训练课题。课题的命题都由课题组共同协商制定，并形成一个系统的设计教学体系。每位教师都需要在大的设计教学体系框架下进行设计教学。

此次展示的是 7 个课程中的 2 个，分属于 2014 年三年级上、下半学年的建筑设计课题。课题任务分别是“菜场及住宅综合体设计”和“溧阳路社区图书馆建筑设计”。

菜场及住宅综合体设计

课程的基地选在同济大学所在的上海杨浦区鞍山路、抚顺路转角处。任务要求在基地上建设一座新的社区菜场及住宅综合体建筑。基地面积 4 710m²，要求设计的总建筑面积 5 000m²，其中社区菜场：2 000m²，回迁住宅用房：3 000m²。

课程周期 15 周，教学计划将 15 周的课程分为前后两个部分。前一部分 2.5 周“都市稠密地区城市微更新设计”是一个系统性调研的阶段，后 12.5 周为综合性的设计阶段。本课题从 2012 年开始，至今已经尝试了四届。

教师：王方戟、张斌、庄慎、水雁飞

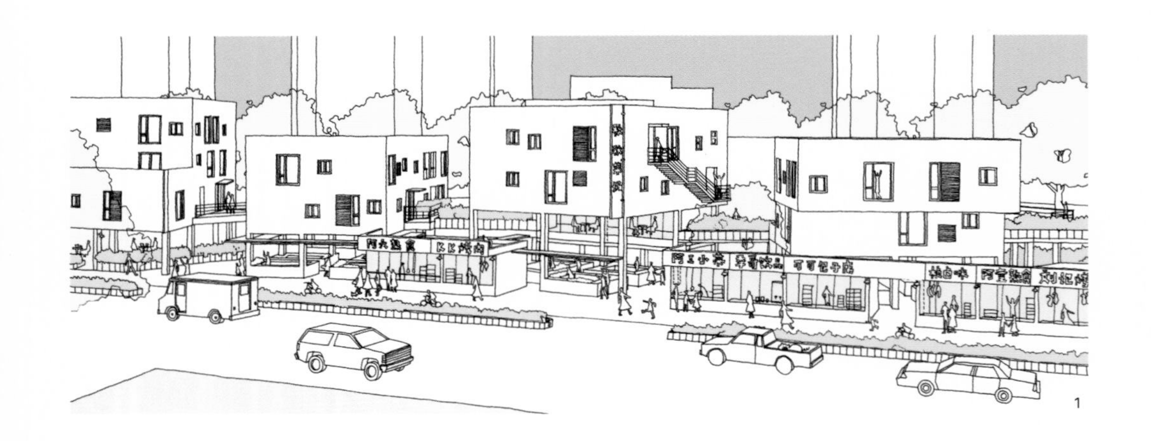

1. 吴依秋，小菜场上的家，聚・落，手绘透视图。

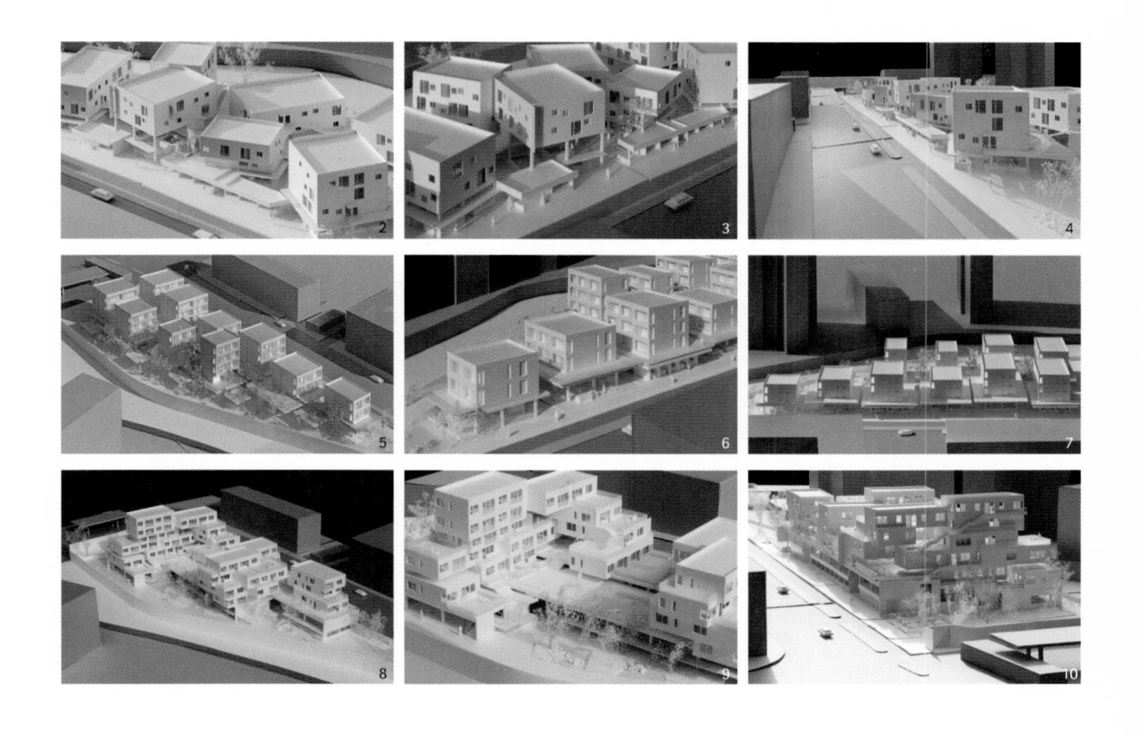

2—4. 吴依秋，小菜场上的家，模型图。
5—7. 葛梦婷，小菜场上的家，板块聚落，模型图。
8—10. 孙桢，穿行，菜场及住宅综合体设计，模型图。

城市 / 空间 / 结构 —— 溧阳路社区图书馆建筑设计

项目地址：上海市虹口区。南临溧阳路和哈尔滨路，北临沙泾港。

项目性质：社区图书馆。

用地面积：约 8 532m^2。

建筑密度：40% ~ 50%。

建筑高度：不高于 24m。

建筑退界：退道路一侧红线不得小于 5m，退河道一侧红线（河道蓝线）不得小于 6m。

基地内最终保留的建筑由各自的设计策略决定，用于图书馆部分的建筑面积在 5 000 ~ 6 000m^2 之间，该部分可以是全部新建也可以是部分利用旧建筑改造。保留的旧建筑可以部分维持原有的建筑功能或者赋予新的社区功能。

教师：章明、柳亦春、祝晓峰

1. 葛梦婷，城市 / 空间 / 结构——溧阳路社区图书馆建筑设计，轴测图。

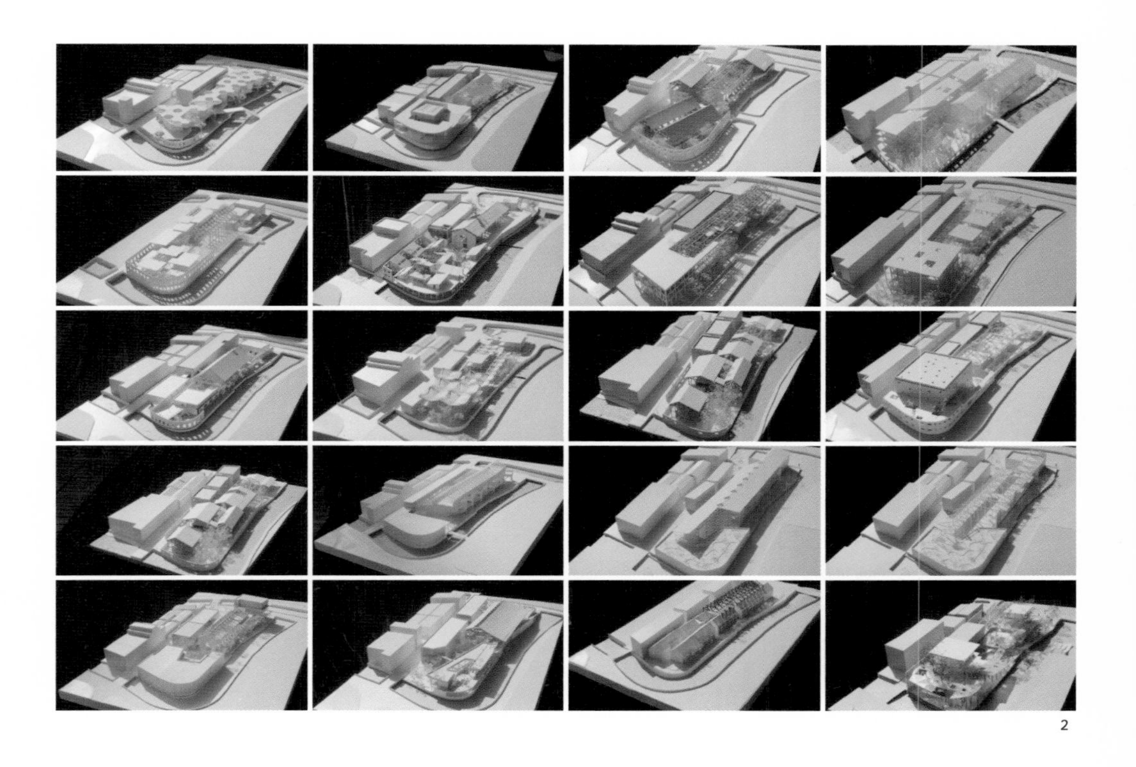

2

2. 学生最终成果模型。

3. 城市 / 空间 / 结构——溧阳路社区图书馆建筑设计评图海报。

4—8. 评图现场照片。

2012 级复合型创新人才实验班
城市 / 空间 / 结构 —— 溧阳路社区图书馆建筑设计
地点：同济大学建筑与城市规划学院 C 楼地下一层展厅
公开评图时间：2015 年 4 月 30 日，8：00-15：00
作业展览时间：2015 年 4 月 30 日 -2015 年 5 月 15 日
任课教师
章 明
柳亦春
祝晓峰
特邀评委
刘宇扬
张 斌
庄 慎
王方戟
3

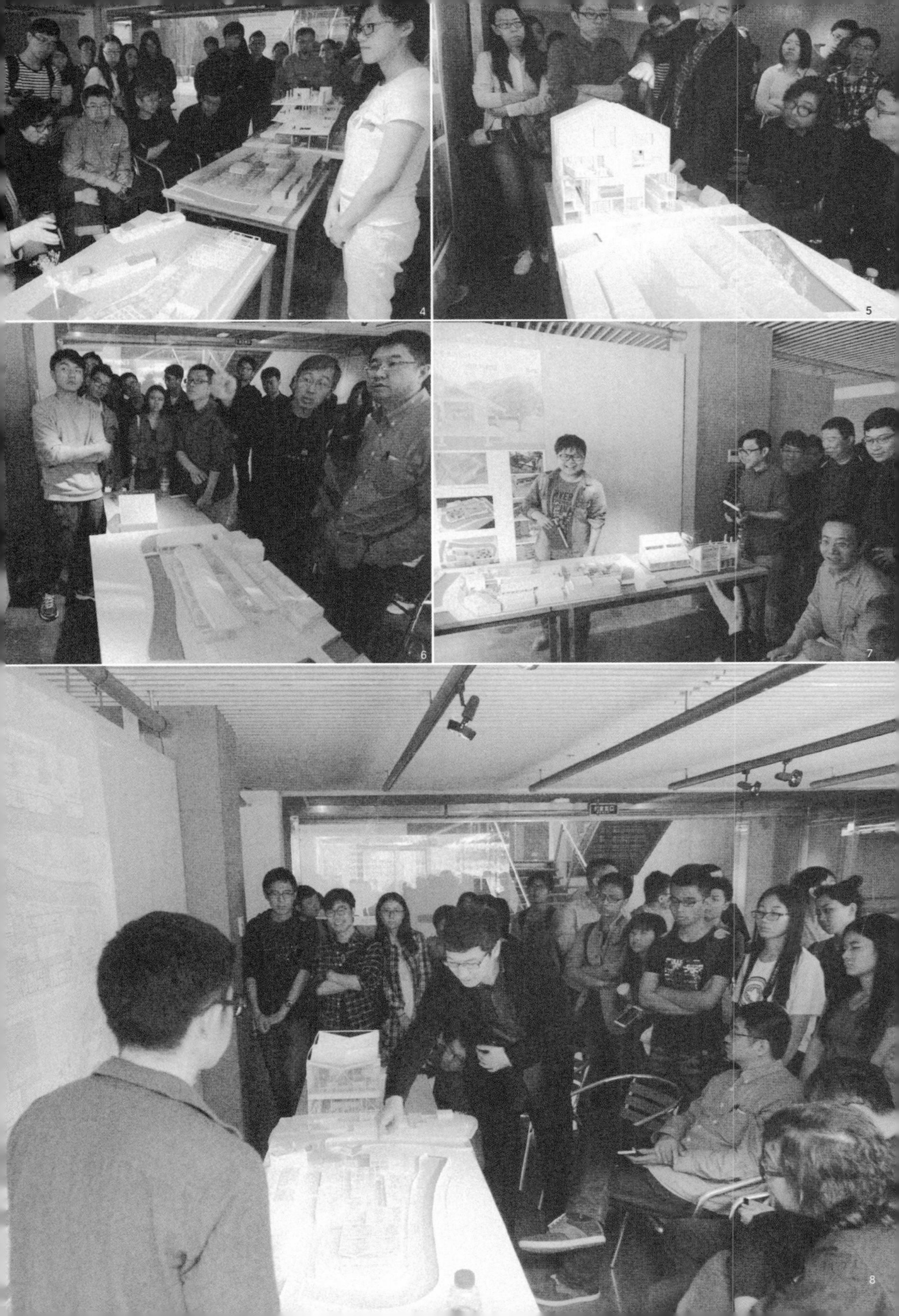
4
5
6
7
8

International Program

国际班

同济大学建筑与城市规划学院与新南威尔士大学建筑环境学院合作，于2014年9月成立启动“中澳同济大学—新南威尔士大学2+2建筑学本科双学位”项目。学制为四年制本科，两年在同济大学学习，两年在新南威尔士大学学习。毕业生将获得两所大学的本科学位，即同济大学建筑工学学士和新南威尔士大学建筑学理学学士学位。

该项目与国际化教育和未来的专业需求对应，重在培养建筑师的职业素养和实践能力，通过体验独特的中国和澳大利亚文化，开拓学生的国际视野和创新精神。该课程采取全英语授课，教学团队由澳大利亚唯一获得普利兹克奖的建筑师、新南威尔士大学格伦·默科特（Glenn Murcutt）教授和担任普利兹克奖评委、获美国艺术与文学学院建筑学院奖的同济大学张永和（Yung Ho Chang）教授领衔。同时合作双方互派教师加入教学团队参与教学。

根据双方的教学优势和特点，起始一年半在同济大学，接下来的两年在新南威尔士大学，最后半年在同济大学完成。主要专业基础课和毕业设计均在同济大学完成。在已完成的一年级教学中，设置了设计基础与设计概论、建筑概论与建筑设计基础等专业基础课程。通过设置不同的形式训练和设计任务，使学生初步建立空间与建筑空间认知和表达的基本经验。在即将开始的第二学期中将设置建筑生成设计原理与建筑生成设计专业课程。

1

2

3

1—3. 教学照片。

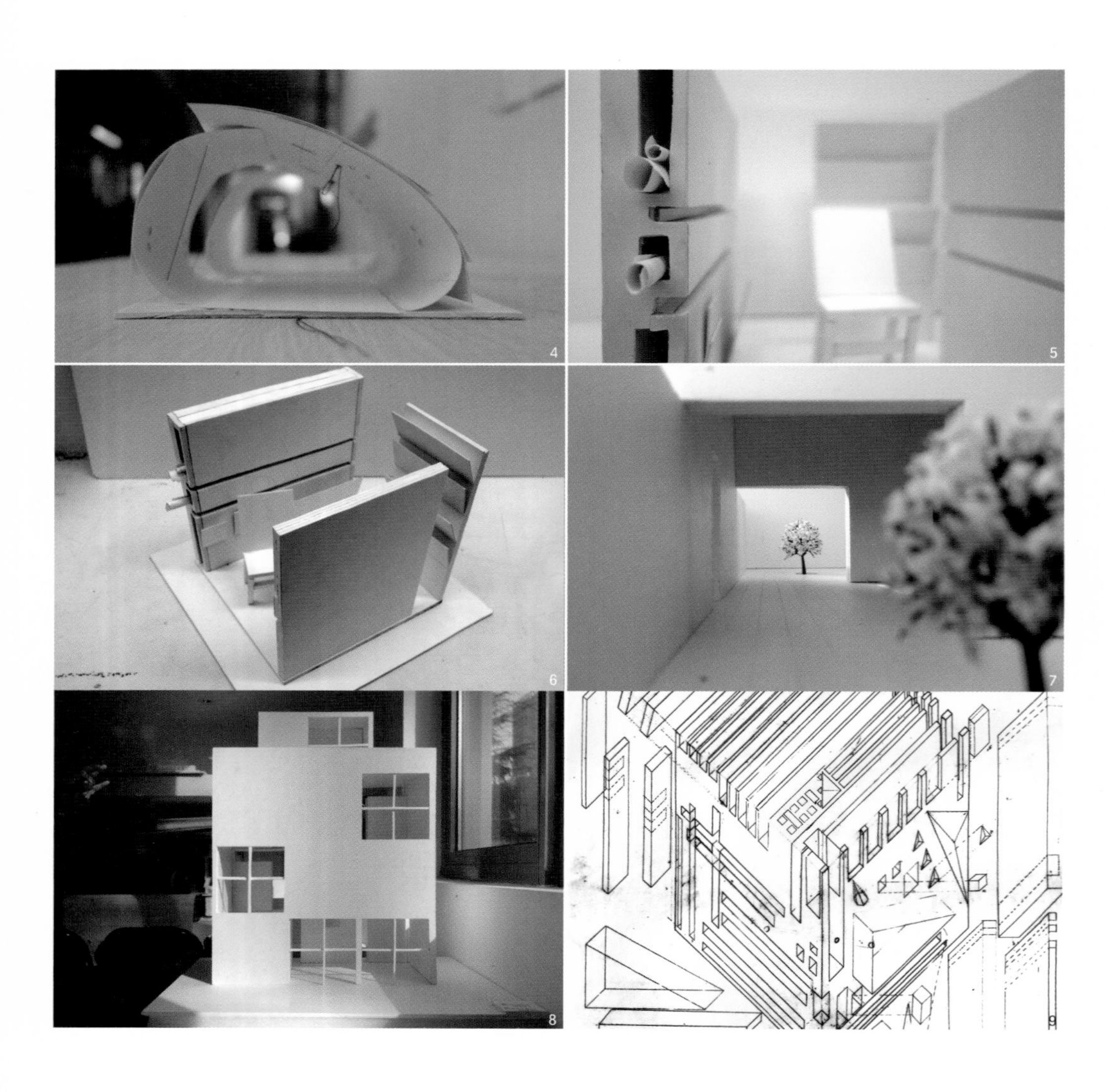

4—8. 模型照片。
9. 轴测分解图。

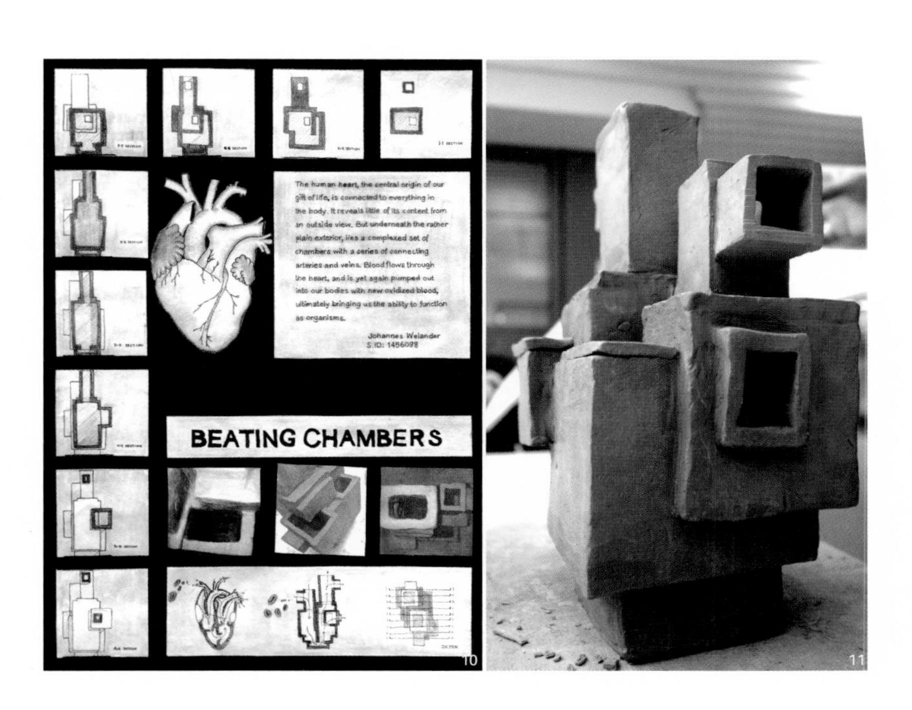

10. 约翰内斯，生物体空间采集与转译。（Johannes Erik Welander – Representation of the biological space by working with clay）
11. 模型照片。

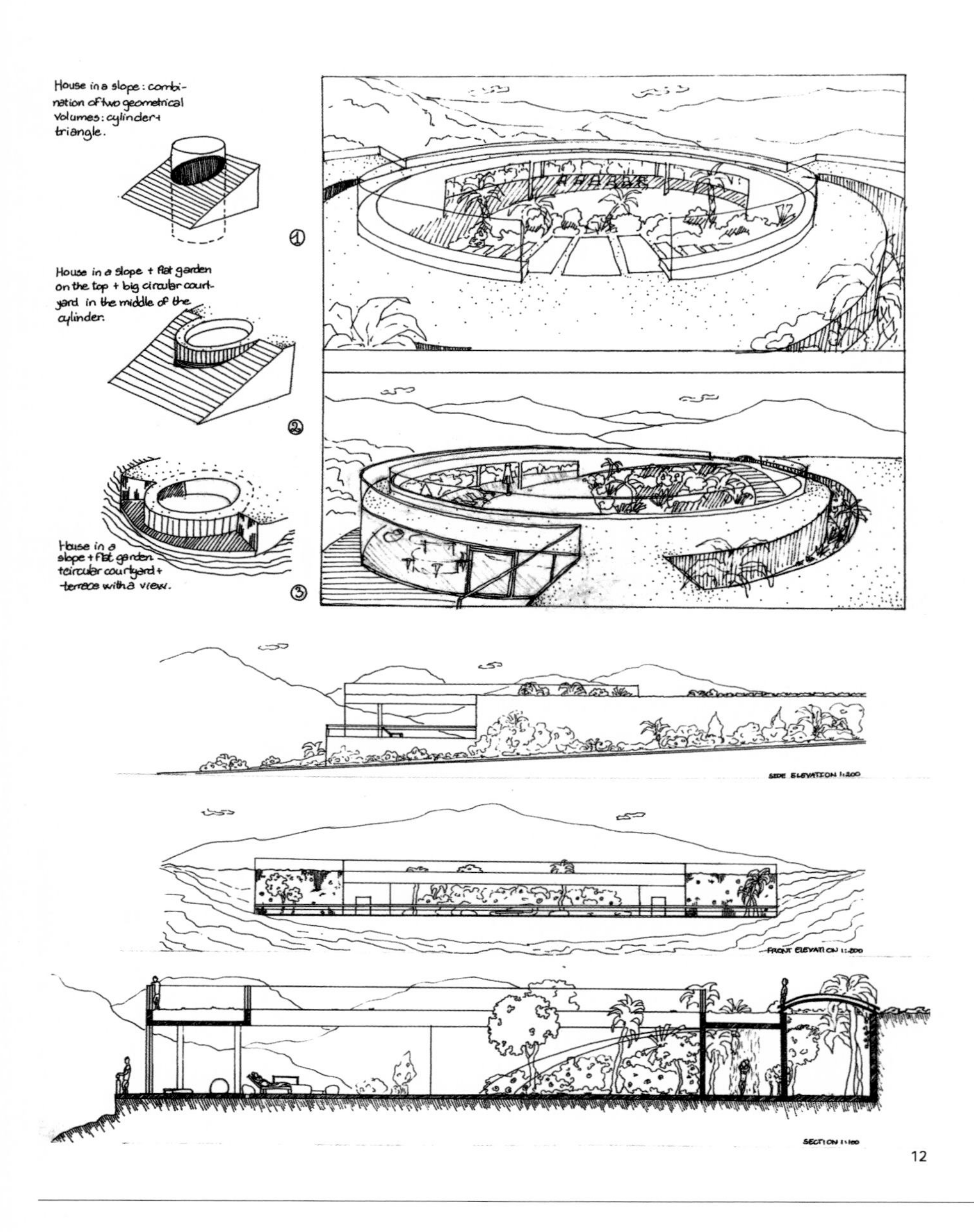

12. 梅桑娜，个人空间。（Aude Meissane Kouassi – Individual Space）

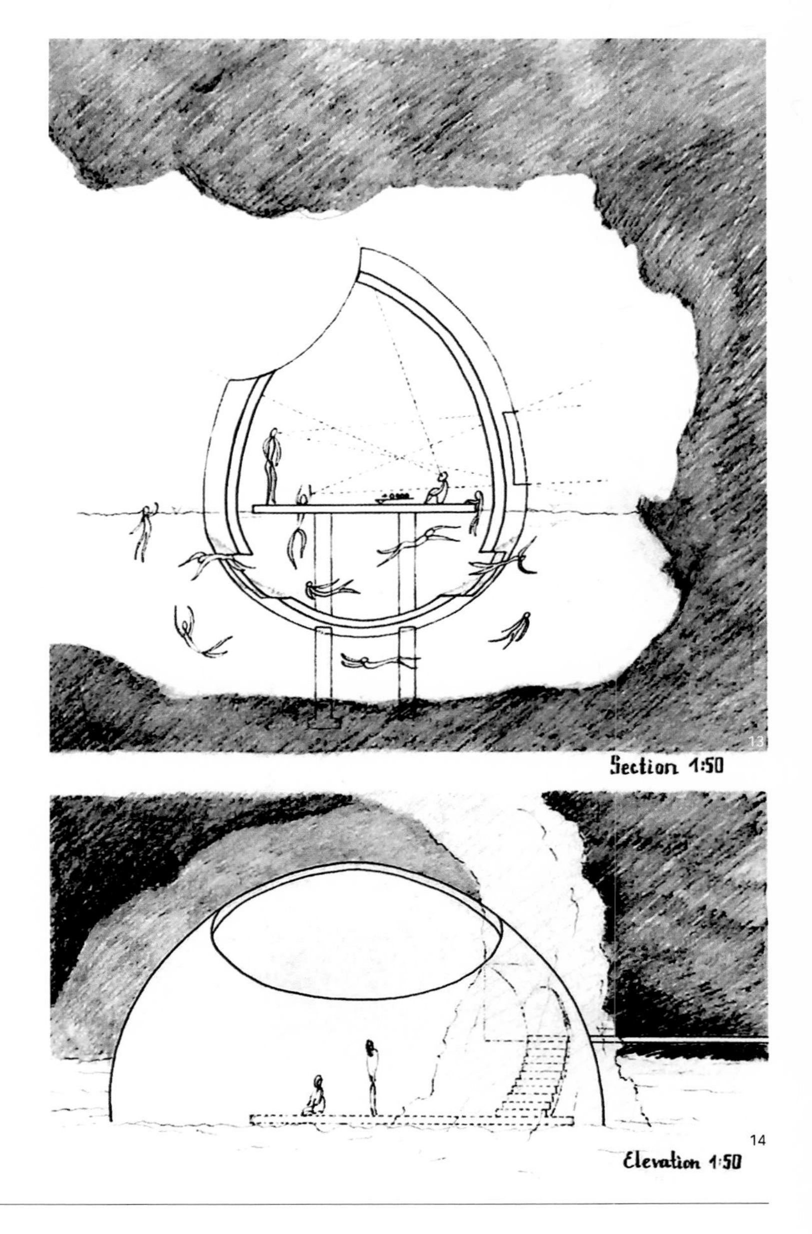

13、14. 艾米，个人空间。（Aimeerim Madiarova – Individual Space）

Summer School

1. 暑期学校开幕式。

暑期学校

同济大学CAUP国际设计夏令营（简称IDSS）是同济大学建筑与城市规划学院自2005年起举办的一个暑期固定项目，由建筑系、城市规划系和景观系轮流承办。2015年由建筑系承办，此次暑期学校邀请了来自哈佛大学设计研究生院（GSD）、斯图加特大学、米兰理工大学、凡尔赛建筑学院、清华大学、东南大学、天津大学等国内外顶尖建筑设计类院校的48名学生（16名国际，16名国内，16名同济），分为8组，配备16名具有丰富教学与实践经验的指导老师。活动期间暑期学校还组织了全体师生赴青浦朱家角体验中国传统水乡文化。本次暑期学校邀请了包括GSD建筑系系主任Inaki Abalos教授，同济大学“千人计划”引进教授张永和教授，新加坡国立大学建筑系系主任刘少瑜教授以及斯图加特大学Walter Haase教授在内的4位评委。

2015年初，自由新闻人柴静的纪录片《苍穹之下》，消解了阻碍公众了解雾霾问题的技术壁垒，也促使规划、建筑、制造与能源等领域的职业人士去构建一个整合多种专业的方法论框架，进而对当前中国城市与环境问题进行分析和诊断。值得注意的是，二战后的西方世界亦经历了类似的能源与环境危机：20世纪50年代伦敦雾霾污染事件；20世纪60年代洛杉矶光化学烟雾问题；至今仍饱受雾霾困扰的巴黎，试图通过汽车限号的方法来减少雾霾天气。巴克敏斯特·富勒（Buckminster Fuller）位于纽约曼哈顿岛上空的大穹窿构想，映射出高速现代化时期的西方对环境的急剧关切。自1865年克劳修斯（Rudolf Clausius）提出热力学第二定律以来，“熵”作为一种重要的系统状态参数被引入物质的组织形式研究，100年后，普利高津（Ilya Prigogine）对耗散系统与非平衡系统的自组织研究创立了复杂科学的基础。热力学与复杂科学将城市与建筑看做一个边界开放的物质与能量的组织系统，这对现代主义决定论的、封闭的、技术至上的城市观来说是一种革命。空调的发明使建筑时常被设计为一个完全建立在化石燃料消耗基础上的封闭微气候系统。如今，建筑师要重新发掘传统城市灵活开放的环境策略——建筑的微气候与城市或区域的大气候作为一个整体，建筑通过主动调控其与外部气候系统之间的关系来适应并创造非对抗性的内部微气候。

本次工作营鼓励学生从中国传统城市建筑的气候适应措施出发，研究中国传统城市的微气候营造方式（城市布局、建筑型制、可变空间、材料做法等），通过建造结构装置等方法来研究基于传统中国建筑的技术文化。同时，对中国当前的环境问题以及它所联系的建筑实践现象进行批判，总结出一套针对中国当前环境问题的新方法论。我们主张运用热力学与复杂科学的思维方法，重构中国当代城市建筑（作为研究对象）的边界问题、物质问题、能量流问题与组织形式问题，并对现代主义的建筑体系进行深刻的反思。

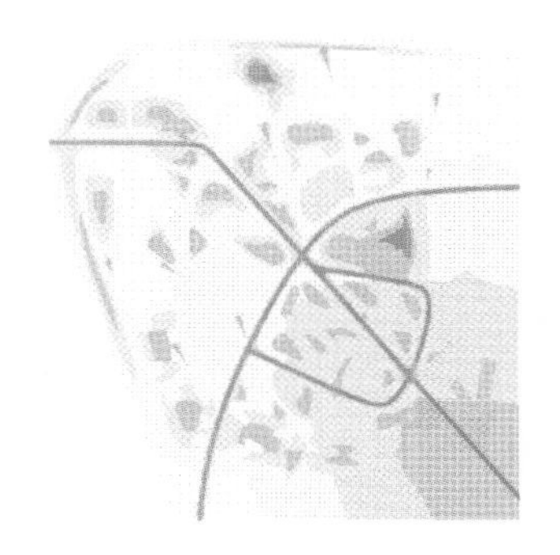
2

2. Caio Barboza, Christian Lavista, Ramus Guillaume Louis Jean, Wang Liyang, Yang Zhijun, Qian Ren. Humidity and pollution analysis of Lujiazui District.

Masterplan of Lujiazui District

3

3. Caio Barboza, Christian Lavista, Ramus Guillaume Louis Jean, Wang Liyang, Yang Zhijun, Qian Ren. Masterplan of Lujiazui District.

4

4. Caio Barboza, Christian Lavista, Ramus Guillaume Louis Jean, Wang Liyang, Yang Zhijun, Qian Ren. Collage.

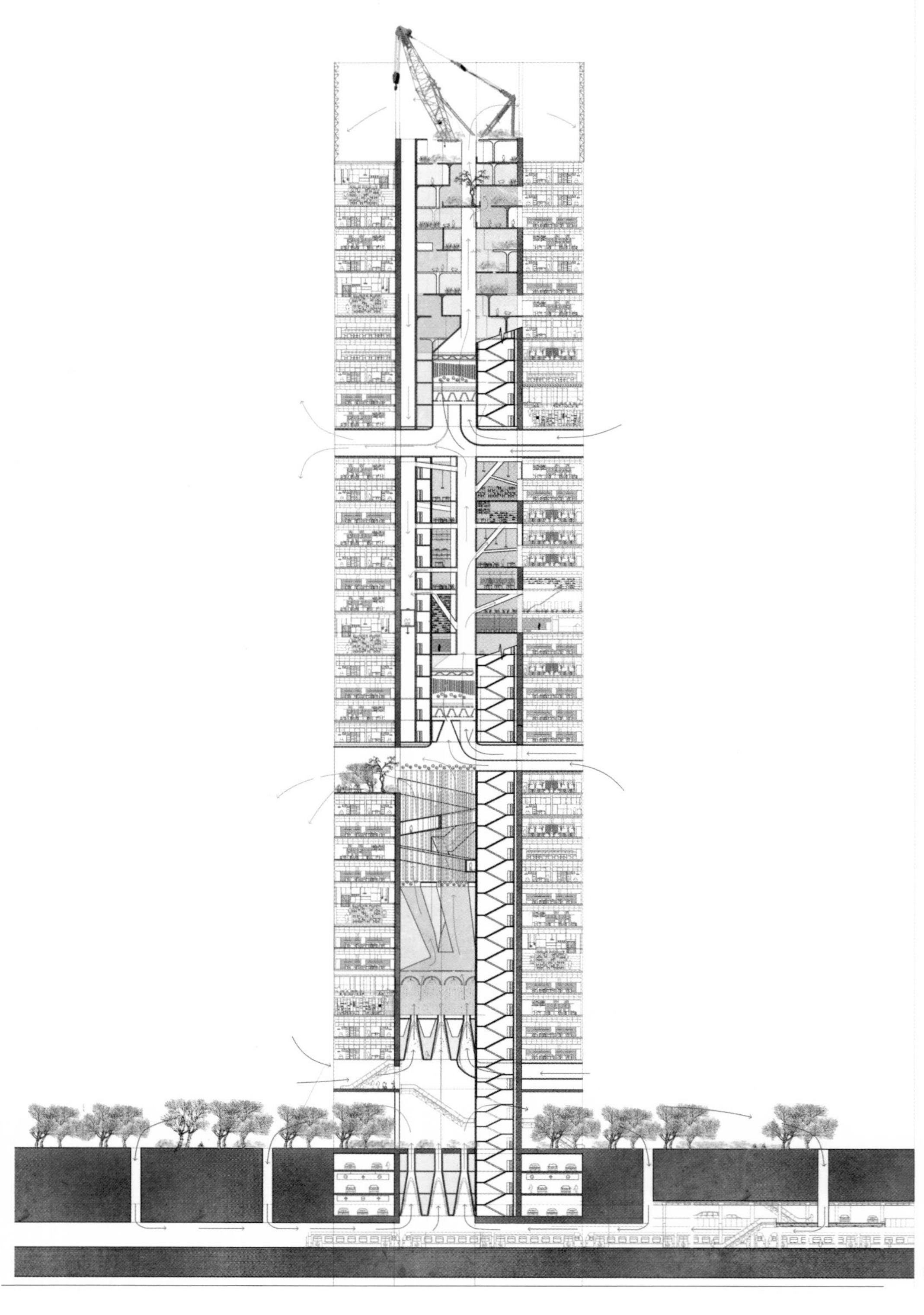

5. Tomoki Shoda, Liu Fangshuo, Che Jin, Wu Xiaoyu, Liang Qianhui, Pablo Mariano Bernar Fernandez-Roca. Final Section.

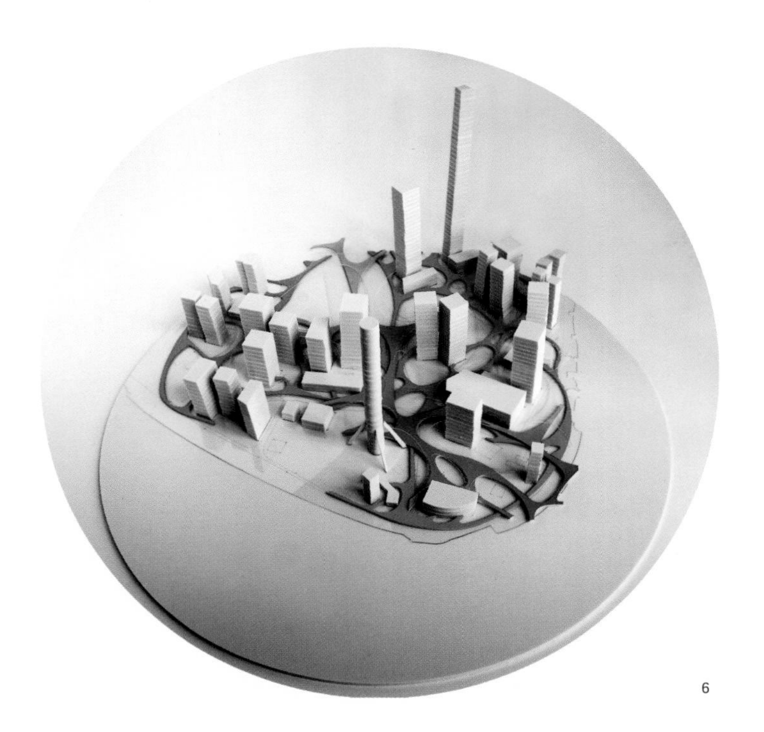

6

6. Davide Masserini, Veronica Gazzola, Alyssa Maristela , Zhang Zhenwei, Wen Zishen, Sun Tongyue. Model.

7. Davide Masserini, Veronica Gazzola, Alyssa Maristela , Zhang Zhenwei, Wen Zishen, Sun Tongyue. Perspective.

8. Amalia Checa Gimeno, Evan A Weaver, Ling Mengzhi, Zhou Yifan, Zhang Chengyuan, Yan Yu. Isometric.

Summer Camp

暑期夏令营

2015 年 6 月 27 日至 7 月 5 日，由中国建筑协会建筑师分会数字建筑设计专业委员会（DADA）、同济大学建筑与城市规划学院、同济大学建筑设计研究院（集团）有限公司联合主办，清华大学建筑学院、南京大学建筑与城市规划学院共同协办的第二届 DADA 系列活动暨第五届同济大学“数字未来”暑期夏令营在同济大学建筑与城市规划学院成功举办。本次活动以“数字工厂”为主题，通过开放日参观、建造工作营、国际研讨会、系列讲座、“高级计算性建筑生形研究”——DADA2015 学生建筑设计作品展及建造工作营成果展以及系列丛书发布七个部分开展对数字设计与建造这一前沿研究领域的深入研究。

数字建造营在 12 组 31 位导师的指导下，共 120 余位来自美国南加州大学、美国密歇根大学、美国罗德岛设计学院、意大利米兰理工大学、韩国延世大学、香港大学、台湾淡江大学、同济大学、清华大学、南京大学、浙江大学、华南理工大学、青岛理工大学等多所世界以及国内知名院校的学生，在 9 天的时间内顺利完成了工作营。

国际研讨会共有 80 余人参加，集中在 2015 年 7 月 4 日—5 日进行，历时两天的会议紧密围绕“数字工厂”的主题，通过 5 场主题报告，6 场专业讲座，8 个板块 50 场论文演讲及 3 场专题讨论，展开了对数字设计与建造这一前沿研究领域的全面研讨与深入交流。国际院校数字建筑设计作品展由同济大学建筑与城市规划学院客座教授尼尔·里奇（Neil Leach）和清华大学建筑系系主任徐卫国共同策展，此次展览以“高级计算性建筑生形研究”为主题，在建筑与城市规划学院 B 楼一层展厅举办。

建造工作营成果展由同济大学建筑与城市规划学院的袁烽副教授策展，以“机器人木构建筑”“机器人协同建造”“自主建构”“蚕丝混凝土”“机器人建筑模型设计研究”“物理风洞与环境性能生形”“机器人陶土打印”“机器人金属弯折”“3D 打印时装”“自下而上（以用户为中心）住宅设计平台”“数字化传统技艺”“数控悬浮张拉整体结构”为主题完成了 12 组系列装置作品。

系列丛书包括由袁烽、阿希姆·门格斯（Achim Menges）、尼尔·里奇等著的《建筑机器人建造》，由徐卫国、黄蔚欣编著的《数字工厂——DADA2015 系列活动数字建筑国际学术会议论文集》以及由尼尔·里奇、徐卫国编著的《高级计算性建筑生形研究——DADA2015 学生建筑设计作品》。

建造工作营于 2015 年 6 月 27 日在同济大学建筑与城市规划学院钟庭报告厅开幕。国际研讨会开幕式 7 月 4 日上午开幕。2015 年 7 月 5 日下午，“数字工厂”（Digital Factory）成果展在同济大学建筑与城规学院 C 楼 B1 展厅开幕。

2、3. DADA 数字工厂展览。

3

RESEARCH

学术研究

PHD Program

博士生培养

建筑学是关于建筑本体及其环境的构成原理、实现方式和演进脉络的学科，跨越自然科学和人文、社会科学领域，借助工程技术和造型艺术手段，以使用功能和实体空间的设计研究为主干，形成了多个相关专业研究方向的学科整体。本学科具有博士生指导教师资格者 50 名，其中兼职博导 9 名。

培养目标

博士生培养的目标是培养具有深厚的理论素养、开阔的国际视野和出众的综合能力、能够独立进行创造性研究与实践的建筑学高端人才，以及引领未来的专业精英及新领域的开拓者。 首先要具有良好的学术素养和学术道德。 其次在学术创新能力方面要具有发现新的建筑学现象、新的影响因素及其相互关联的观察能力；具有获取有价值的支撑材料和掌握获取数据的新方法的能力以及提出新的针对建筑学问题的研究模式或对已有模式进行改进的能力；具备应用建筑学理论和研究方法解决社会问题和作出创新性贡献的能力。最后要具有国际视野：熟悉和掌握本学科的国际一流知识结构和国际惯例，具有国际化意识和视野，具备在国内外学术交流场合熟练地进行学术交流、表达学术思想、展示学术成果以及较强的参与国际合作与国际竞争的能力。

研究方向

目前共有 6 个研究方向，分别是：建筑设计及其理论方向； 城市设计及其理论方向 ；室内设计及其理论方向；建筑历史与理论方向 ；建筑遗产保护及其理论方向；建筑技术科学。

建筑设计及其理论方向主要研究建筑设计的基本原理和理论、客观规律和创造性构思，建筑设计的技能、手法和表达，建筑节能及绿色建筑、建筑设备系统、智能建筑等综合性技术以及建筑构造等。城市设计及其理论方向主要研究城市形态的发展规律和特点，通过公共空间和建筑群体的安排使城市各组成部分在使用和形式上相互协调，展现城市公共环境的品质、特色和价值，从而激发城市活力、满足文化传承和经济发展等方面的社会需求。室内设计及其理论方向主要根据建筑物的使用性质、所处环境和相应标准，运用物质技术手段和建筑美学原理，创造生态环保、高效舒适、优美独特、满足人们物质和精神生活需要的内部环境。建筑历史与理论方向主要研究中外建筑演变的历史、理论和发展动向，中国传统建筑的地域特征及其与建筑本土化的关系，以及影响建筑学的外缘学科思想、理论和方法等的交叉运用。建筑遗产保护及其理论方向主要研究反映人类文明成就、技术进步和历史发展的重要建筑遗产的保存、修复和再生利用等，涉及艺术史、科技史、考古学 、哲学、美学等一般人文科学理论，也涉及建筑历史、建筑技术、建筑材料科学、环境学等学科理论和知识。建筑技术科学方向主要研究与建筑的建造和运行相关的建筑技术、建筑物理环境、建筑节能及绿色建筑、建筑设备系统、智能建筑等综合性技术以及建筑构造等。

博士研究生学制为 3 年，修读年限最长不超过 6 年 。建筑与城市规划学院“2014 级博士生学术素养及科研能力提升培训班”于 2014 年 9 月 11 日至 19 日举行。这是学院首次为博士生新生开设的入学培训班，邀请到来自院内外的知名学者开设近 40 场讲座。内容涉及目标与素养、战略与发展、经验与方法、管理与服务四个方面。

Research Projects

科研课题

表 1. 2014—2015 年新立项课题

负责人姓名	项目大类	项目级别	项目名称	甲方单位	立项日期	开始日期
金倩	自然科学	国家级	适应性建筑表皮的多目标优化模型	国家自然科学基金委员会	2014-10-29	2015-01-01
郝洛西	自然科学	国家级	心血管内科 CICU 空间光照情感效应研究	国家自然科学基金委员会	2014-10-29	2015-01-01
许凯	自然科学	国家级	基于网格聚类分析的小微产业城区“产、城关联空间模式”研究	国家自然科学基金委员会	2014-10-29	2015-01-01
朱晓明	自然科学	国家级	转型期我国近代煤矿工业遗产的历史研究与保护	国家自然科学基金委员会	2014-10-29	2015-01-01
郑时龄	自然科学	国家级	上海近代历史建筑与风貌区保护研究	国家自然科学基金委员会	2014-10-29	2015-01-01
卢永毅	自然科学	国家级	西方现代建筑史的中国叙述研究及其建筑史教学新探	国家自然科学基金委员会	2014-10-29	2015-01-01
黄一如	自然科学	国家级	住宅体形系数的碳敏感性研究——以长三角地区建成住宅为实证	国家自然科学基金委员会	2014-10-29	2015-01-01
杨峰	自然科学	省部级	基于微气候图谱的高密度城区建筑节能减排研究	上海市教育委员会	2015-01-09	2015-01-01
孙彤宇	自然科学	省部级	上海市城市建设形态管控与人居环境优化规划管理研究	上海市规划和国土资源管理局	2014-12-26	2014-04-01
卢永毅	自然科学	省部级	第五批部分优秀历史建筑（75 处）保护技术规定编制	上海市房屋安全监察所	2015-07-14	2015-07-07

Publication

科研论文

教改论文

表 1. 2014 年同济大学教学改革与研究论文汇总表（建筑系）

序号	作者	论文名	期刊名
1	王方戟、袁烨	以常规建筑作为设计任务的建筑设计教学尝试	建筑师
2	孟刚、颜宏亮、胡向磊、杨峰	以技术集成为导向的高年级工业化住宅专题设计	住宅科技
3	陈易、颜隽、黄平	关于建筑装饰业设计人才培养的思考	住宅科技
4	岑伟	藏匿与眺望——和格伦·马库特在一起	建筑师
5	颜隽	我国室内设计教育思考——美国 2014 版 CIDA 专业标准借鉴	住宅科技
6	王凯	作为思维训练的历史理论课：建筑历史与理论 II 课程教案改革	建筑师
7	王凯	在格伦爷爷那边：澳洲教学经历与马科特建筑思想的在地体验	建筑师
8	谢振宇	以设计深化为目的专题整合的设计教学探索	建筑学报
9	李彦伯	两个建筑学教学实践样本的比照阅读	华中建筑
10	姚栋	基地出发的教学探索	2014 全国建筑教育学术研讨会论文集
11	王红军	基于综合认知的一次保护设计思考——同济大学历史建筑保护工程专业毕业设计教学侧记	2014 全国建筑教育学术研讨会论文集
12	王红军	“保护设计”教学探析	历史建筑保护工程学
13	王方戟、董晓	本科毕业设计中的四个教学关注点	2014 全国建筑教育学术研讨会论文集
14	杨丽、钱锋、宗轩	国际太阳能十项竞赛——同济大学作品	全国建筑教育学术研讨会论文集
15	李振宇、董怡嘉	以“三个结合”提升研究生国际研讨课程内涵	全国建筑教育学术研讨会论文集
16	王凯、王红军、王彦	基本练习：一次二年级设计教学实验	2014 全国建筑教育学术研讨会论文集
17	王凯	以个案研究为线索的建筑史教学：本科高年级建筑历史与理论课程教学改革系列论文二	2014 全国建筑教育学术研讨会论文集
18	宋德萱、周伊利	适宜绿色建筑导向的建筑技术教学体系研究	2014 全国建筑教育学术研讨会论文集

续表 1

序号	作者	论文名	期刊名
19	张鹏	从历史样式测绘到现状信息采集——针对历史建筑保护工程专业的“历史环境实录”课程改革初探	历史建筑保护工程学——同济城乡建筑遗产学科领域研究与教育探索
20	张鹏	历史建筑保护工程专业毕业设计教学研究	历史建筑保护工程学——同济城乡建筑遗产学科领域研究与教育探索
21	张鹏	“保护技术”教学探索	历史建筑保护工程学——同济城乡建筑遗产学科领域研究与教育探索
22	杨峰	建筑学本科毕业设计的环境可持续设计方法教学	2014 全国建筑教育学术研讨会论文集
23	张凡、谢振宇	“整合”与“共生”引导的城市综合体设计教学研究——城市发展中历史街区更新模式的一种探索	2014 全国建筑教育学术研讨会论文集
24	袁烽、孟浩	机器人数字建构——热学性能驱动下的数字设计与建造	中国建筑教育：2014 全国建筑教育学术研讨会论文集
25	袁烽、闫超	从结构性能到形式建构——以机器人为平台的设计教学模式探索	中国建筑教育：2014 全国建筑教育学术研讨会论文集
26	黄林琳、杨春侠	从普适的研究方法到具体的研究对象——以中美城市设计联合教学的前期研究为例	中国建筑教育：2014 全国建筑教育学术研讨会论文集
27	胡滨	空间与身体	2014 全国建筑教育学术研讨会论文集
28	陈宏	以编织主题作为研究手段的城市设计教学尝试	交织——上海南外滩地块城市设计
29	曲翠松	建筑学教育中三大支柱的缺失	全国建筑教育学术研讨会论文集（2014）
30	李彦伯	古城何往？教学何为？——同济大学 2014 年建筑学毕业设计“祁县历史街区保护与更新”教学实验及反思	全国建筑教育学术研讨会论文集（2014）
31	阴佳、于幸泽	建筑院校美术实习模式的创新探索与实践	全国建筑教育学术研讨会论文集（2014）
32	胡炜	“中国艺术史”教学初探	历史建筑保护工程学
33	李浈	十年磨一剑，旨在艺有承——同济大学“历史建筑形制与工艺（中国）”课程的创设、发展与变革	建筑史
34	王桢栋、李麟学、杜鹏	基于芝加哥脱碳规划的高层建筑课程设计：同济大学－世界高层建筑与都市人居学会（CTBUH）联合教学回顾	2014 全国建筑教育学术研讨会论文集

教师学术论文

表 1. 2014—2015 年建筑系教师学术论文汇总表

论著名称	论文分类	发表出版年份	刊物名称	作者
Research on the Non-profit-oriented Functions in Mixed-use Complex based on SP Survey	国际会议论文	2014	Proceeding of the 11th International Symosium on Environment-Behavior Research	王桢栋 (1)
从多样到多元——中国驻外外交建筑的文化价值与设计手法刍议	国内期刊	2014	建筑师	李振宇 (1)
数字建造背景下的同济大学新型数字设计研究中心	国内期刊	2014	建筑技艺	袁烽 (1)
Study on Low-Tech Energy Saving Strategies in Shanghai’s Residential Design	国际会议论文	2014	UIA 2014 DURBAN	李振宇 (2)
A Case Study on the Accessible Environment in Elderly Facilities in Shanghai	国际会议论文	2014	Proceedings of 11th International Symposium for Environment-Behavior Studies	李斌 (1)
Basic Research on Regional Disparities in Elderly Facilities of China	国际会议论文	2014	第十一届环境行为研究国际学术研究会论文集	司马蕾 (1)
勒·柯布西耶 Vers une architecture 译名考	国内期刊	2014	新建筑	王骏阳 (1)
中原传统村落的院落空间研究	国内期刊	2014	建筑学报	李斌 (1)
基于调查的农村住宅单体设计	国内期刊	2014	新建筑	周晓红 (1) 殷幼锐 (2)
卷首语	国内期刊	2014	城市建筑	李斌 (1)
Mini House——A Resilient Strategy in Rapid Urban Development	国际会议论文	2014	UIA 2014 DURBAN	李振宇 (1)
L’évolution de mobilité urbaine et les réformes du secteur de transport en commun à Shanghai.	国际会议特邀报告	2014	APERAU2014	卓健 (1)
The Enclosure Structure of Wenyuan Building and the New Technology of Energy-saving Laboratory	国际会议论文	2015	ICSEEP 2015	杨丽 (1)
理论何为——关于建筑理论教学的反思	国内期刊	2014	建筑师	王骏阳 (1)
对话·融合·反思——中日“结构建筑学 Archi-Neering”学术研讨会评述	国内期刊	2014	建筑师	周鸣浩 (2)
Visual Alliesthesia: The Gap Between Comfortable and Stimulatin Gilluminance settings	国外期刊	2014	Building and Environment	叶海 (3)

续表 1

论著名称	论文分类	发表出版年份	刊物名称	作者
Application and Consideration of Digital Technology in Architecture Design	国际会议论文	2015	ERR 2015	杨丽 (1)
中国的样子——以中国驻外外交馆舍为例	国内期刊	2014	美术观察	李振宇 (1)
探索我国低碳城市之路	国内期刊	2014	云南建筑增刊	杨丽 (1)
Reducing Building Waste by Reconstruction and Reutilization	国际会议论文	2014	Advanced Materials Research	叶海 (1)
发达国家住宅适老化改造政策与经验	国内期刊	2014	城市建筑	司马蕾 (1)
Application Practice of Artificial Intelligence in interactive Architecture	国际会议论文	2014	2014 年计算机、智能计算与教育技术国际会议	袁烽 (1)
Demand Analysis of Adult Day Care for the Elderly in Shanghai, China	国际会议论文	2014	Proceedings of 11th International Symposium for Environment-Behavior Studies	李斌 (1)
细部的抽象化和活跃化	国内期刊	2015	新建筑	陈镌 (1)
Sensitivity of Façade Performance to Early-stage Design Variables	国外期刊	2014	Energy and Buildings	金倩 (1) Mauro Overend(2)
The Historical Characteristics and New Developments of Settling Spaces on Bridges	国外期刊	2014	Advanced Materials Research	杨春侠 (1)
Health Lighting and Innovative Applications of LEDs on Human Habitat	国际会议论文	2014	CIE Hongkong International Symposium Proceeding	郝洛西 (1)
杂交与共生——综合体生存方式的演进历程	国内期刊	2014	建筑技艺	董春方 (1)
身体与空间	国内会议论文	2014	全国建筑学专业指导委员会会议论文集	胡滨 (1)
上海における各種ガラス性能および天候による維持率の変化に関する研究 - その 1 実験装置の作成および基礎的な測定 - Air Conditioning Load in Each Constraction Method of Sash Using Solor heat-absorbing Clear Glasses - Part I	国际会议论文	2014	日本建築学会東海支部研究報告書	崔哲 (1) 郝洛西 (2)
米拉莱斯奥林匹克射击练习场中的设计方法及启发	国内期刊	2014	西部人居环境学刊	王方戟 (2) 赵峥 (外)(1)
性能化建构——基于数字设计研究中心（DDRC）的研究与实践	国内期刊	2014	建筑学报	袁烽 (1)
Turn Left, Turn right: the Tendency of Chinese People’s Path Choice	国际会议论文	2014	Procceedings of 11th International Symposium for Environment-Behavior Studies	李斌 (1)

续表 1

论著名称	论文分类	发表出版年份	刊物名称	作者
Planning and Architectural Design of Village under the Background of New Rural Construction-with the Planning Study of Wangjiang County	国际会议论文	2014	2014 International Conference on Water Resource and Environ-mental Protection	杨丽 (1)
改进建筑 60 秒	国内期刊	2014	世界建筑	李振宇 (1)
砖的数字化建构	国内期刊	2014	世界建筑	袁烽 (1)
上海保障性住房设计类型创新探索——以围合式为例	国内会议论文	2013	可持续城市发展与保障性住房建设	李振宇 (2)
Study on Control of Robotics Basing on Swarm Intelligence	国际会议论文	2014	2014 年计算机、智能计算与教育技术国际会议	袁烽 (1)
时代与地域的对话：大舍建筑事务所设计思想解读	国内期刊	2014	建筑师	王桢栋 (1)
从方法研究到设计实践——李翔宁与袁烽的对话	国内期刊	2014	新建筑	袁烽 (2)
基于芝加哥脱碳规划的高层建筑课程设计：同济大学—世界高层建筑与都市人居学会（CTBUH）联合教学回顾	论文集	2014	2014 建筑教育国际学术研讨会	王桢栋 (1) 李麟学 (2)
The Values of Low-Building-Coverage Control in The Urban Development of Shanghai	国际会议论文	2014	UIA 2014 DURBAN	李振宇 (2)
本土材料的当代表述——中国住宅地域性实验的三个案例	国内期刊	2014	时代建筑	李振宇 (1)
Status Quo Investigation of Spontaneous Renewal in Yingping Block of Xiamen	国际会议论文	2014	Procceedings of 11th Interna-tional Symposium for Eniron-ment-Behavior Studies	李斌 (1)
步行姿态驱动的虚拟漫游控制及校准方法初探	国内期刊	2014	计算机工程与应用	孙澄宇 (1)
转型期中国城市住宅的发展特点与趋势	国内期刊	2014	住宅产业	李振宇 (1)
数字化技术在城市设计中的应用	国内会议论文	2015	2015 年全国建筑院系建筑数字技术教学研讨会论文集	杨丽 (1)
从结构性能到形式建构——以机器人为平台的设计教学模式探索	国际会议特邀报告	2014	2014 年中国建筑学会年会论文集：当代建筑的多学科融合与创新	袁烽 (1)
CFD Simulation Research on Residential Indoor Air Quality	国外期刊	2014	Science of the Total Environment	杨丽 (1)
原作设计工作室改造	国内期刊	2015	世界建筑	章明 (1)
参数化生成与评价技术在面向太阳能的城市设计中的应用初探	国内期刊	2014	南方建筑	孙澄宇 (1)

续表 1

论著名称	论文分类	发表出版年份	刊物名称	作者
机器人数字建构——热学性能驱动下的数字设计与建造	国内会议论文	2014	2014 年全国建筑教育学术研讨会论文集	袁烽 (1)
创作中介与审美体验——20 世纪 80 年代中国现代建筑关于继承园林传统的探索	国内期刊	2014	建筑师	周鸣浩 (1)
养老设施内老年人休闲社交行为的影响因素研究	国内期刊	2014	建筑学报	李斌 (1)
城市绿地系统指标体系研究	国内期刊	2014	中国城市林业	翟宇佳 (1)
Application Research of ECOTECT in Residential Estate Planning	国外期刊	2014	Energy and Buildings	杨丽 (1)
从普适的研究方法到具体的研究对象——以中美城市联合教学的前期研究为例	论文集	2014	2014 全国建筑教育学术研讨会论文集	杨春侠 (2)
Study on the Relationship between Stop/Stay Behavior and Boundary Surface in Large Public Space	国际会议论文	2014	Procceedings of 11th International Symposium for Environment-Behavior Studies	李斌 (1)
基于结构性能的建筑设计简史	国内期刊	2014	时代建筑	袁烽 (1)
Research on Changes in Space Layout and Living Behaviors of Rural Relocation Residential Quarter	国际会议论文	2014	Procceedings of 11th Inernational Symposium for Environent-Behavior Studies	李斌 (1)
城市建筑综合体非盈利型功能的组合模式研究	国内期刊	2014	城市建筑	王桢栋 (1)
城市建筑综合体的城市性探析	国内期刊	2014	建筑技艺	王桢栋 (1)
历史的存活状态——从国际公约到大众文化	国内期刊	2014	时代建筑	李彦伯 (1)
Fabricating Complexity-A Performance Based Methodology through Parametric Optimization	国际会议论文	2014	Engineering Solutions for Manufacturing Processes 4 Part 2	袁烽 (1)
十年之变	国内期刊	2014	城市建筑	李振宇 (1)
Activities of the Elderly in Day Care Service Center of Community S in Shanghai	国际会议论文	2014	Proceedings of 11th International Symposium for Enironment-Behavior Studies	李斌 (1)
农民动迁小区环境改造及户外空间行为特征研究	国内期刊	2014	建筑学报	李斌 (1)
瓷堂	国内期刊	2014	建筑学报	王方戟 (2) 曾群 (外)(1)
紧密城市：基于越南河内的亚洲垂直城市模式思考	国内期刊	2014	时代建筑	王桢栋 (1)
Behavior and Spatial Concept of Residence Courtyard in Traditional Village	国际会议论文	2014	Proceedings of 11th International Symposium for Environment-Behavior Studies	李斌 (1)

续表 1

论著名称	论文分类	发表出版年份	刊物名称	作者
中国城市广场的中国性特征浅析	论文集	2014	城市设计	蔡永洁 (1)
Ecological Renovation Strategies of Workers' New Village Housing in Shanghai	国际会议论文	2014	UIA 2014 DURBAN	李振宇 (1)
Four Suitable Design Strategies for Enclosed Housing in China - Case Of Shanghai	国际会议论文	2014	UIA 2014 DURBAN	李振宇 (1)
迈向可持续的垂直城市主义：世界高层建筑与都市人居学会 2014 年上海国际会议综述	国内期刊	2014	时代建筑	王桢栋 (1)
香港都市综合体与城市交通的空间驳接	国内期刊	2014	建筑技艺	董春方 (1),(2)
数字化设计与建造—新方法论驱动下的范式转化	国内期刊	2014	建筑技艺	袁烽 (1)
空间革命——关于 0.8 栋石库门住宅改造的思考	国内期刊	2014	建筑学报	董春方 (1)
区分的艺术——论路易斯・I・康作品中的细部	国内期刊	2015	新建筑	陈镌 (1)
体育建筑设计与城市发展探讨	国内期刊	2014	建筑与文化	徐洪涛 (1)
国际视野下的中国当代建筑研究	国内期刊	2014	教育教学论坛	杨丽 (1)
基于行为性能的互动建筑表皮设计研究	国内会议论文	2014	“数字渗透”与“参数化主义”：DADA2013 系列活动 数字建筑国际学术会议论文集	袁烽 (1)
Performative Tectonics	国际会议论文	2014	Robotic Fabrication in Architecture, Art and Design 2014	袁烽 (1)
The Utilization Features of the House Space of the Aged Living at Home and its Influencing Factors	国际会议论文	2014	Proceedings of International Symposium for Environment-Behavior Studies	李斌 (1)
Towards an Ideal Adaptive Glazed Facade for Office Buildings	国外期刊	2014	Energy Procedia	金倩 (2), Fabio WFavoino(1) Mauro Overend(3)
Optimizing Chinese Motorized Transportation Modes to Support Cross-river Public Activities	国外期刊	2014	Applied Mechanics and Meterials	杨春侠 (1)
The Pptimal Thermo-optical Properties and Energy Saving Potential of Adaptive Glazing Technologies	国外期刊	2015	Applied Energy	金倩 (3) Fabio Favoino(1) Mauro Overend(2)

续表 1

论著名称	论文分类	发表出版年份	刊物名称	作者
国际太阳能十项竞赛——同济大学作品	国内会议论文	2014	全国建筑教育学术研讨会论文集	杨丽 (1)
从模块化预制加工到机器人自主建构	国内会议论文	2014	2014 中国建筑学会年会论文集：当代建筑的多学科融合与创新	袁烽 (1)
产业链作用下的小微产业村镇"产、城关联"用地模式探讨——以福建省茶叶加工产业村镇为例	国内期刊	2014	城市规划学刊	许凯 (1)
制衣厂办公楼室内改造	论文集	2014	室内设计师	王方戟 (1) 薛君 (外)(2)
观赏性还是参与性：浅析新疆维吾尔木卡姆传承中心建设模式	国内期刊	2014	华中建筑	王桢栋 (1)
洛伦兹几何的算法生成与 空间表达	国际会议论文	2014	"数字渗透"与"参数化主义"：DADA2014 系列活动 . 数字建筑国际学术会议论文集	袁烽 (1)
促进桥梁与城市的"协同发展"——突破滨水区"城桥设计脱节的困境"	国内期刊	2014	城市规划	杨春侠 (1)
20 世纪 80 年代中国建筑观念中"环境"概念的兴起	国内期刊	2014	建筑师	周鸣浩 (1)
不同通风方式与室内空气环境质量的数值模拟分析	国内期刊	2014	建筑科学	杨丽 (1)
Research on Vertical Space System of Mixed-use complex	国际会议论文	2014	Proceedings of the CTBUH 2014 Shanghai International Conference	王桢栋 (1)
南极与照明科技	国内期刊	2014	照明工程学报	崔哲 (5) 郝洛西 (1) 林怡 (2)
The Upheaval of Traditional Resident Spaces into Hanoi High-Rise Condo-miniums Models	国际会议论文	2014	Procceedings of 11th Interna-tional Symposum for Environ-ment-Behavior Studies	李斌 (1)
建造技艺与书画意境的融合及演绎——范曾艺术馆的设计与建造	国内期刊	2015	建筑技艺	章明 (1)
以"三个结合"提升研究生国际研讨课程内涵	国内会议论文	2014	全国建筑教育学术研讨会论文集	李振宇 (1)
晋 · 院——山西晋中城市规划展示馆	国内期刊	2015	时代建筑	章明 (1)
上海地区工业化住宅调研分析	国内期刊	2014	住宅科技	颜宏亮 (1)
上海嘉定新城双丁路幼儿园设计	国内期刊	2014	建筑学报	华霞虹 (1)
探索建筑的自主性建构	国内期刊	2014	新建筑	袁烽 (1)
城市规划在产业空间移位过程中的角色和作用——以伦敦、汉堡、鲁尔区和维也纳为例	国内期刊	2014	城市规划学刊	许凯 (1)

博士论文

表 1. 2014—2015 年建筑系博士毕业论文列表

姓名	专业	导师	论文题目	学位类别	授予学位年月
刘旻	建筑历史与理论	常青	历史建筑适应性再生的理论与方法研究	工学	2014.12
李辉	建筑历史与理论	常青	中晚明民间生活场景的空间叙事	工学	2014.12
杨达	建筑历史与理论	李浈	“班艺”永续——传统营造工艺保护的理论与策略研究	工学	2014.12
周进	建筑历史与理论	郑时龄	上海近代教堂建筑的地域性变迁研究	工学	2014.12
刘建民	建筑设计及其理论	戴复东	大学校园复合低碳生态模式研究	工学	2014.12
曾振荣	建筑设计及其理论	卢济威	城市设计中的公众参与之研究	工学	2014.12
高蓓	建筑设计及其理论	王伯伟	媒体影响与建筑学	工学	2014.12
张建	建筑历史与理论	常青	《清明上河图》中的城市与建筑研究	工学	2015.03
蒲仪军	建筑历史与理论	常青	都市演进的技术支撑——上海近代建筑设备特质及社会功能探析（1865—1955）	工学	2015.03
焦洋	建筑历史与理论	王骏阳	“营造”：一个从古代本土到近现代建筑学视野下的观念演变研究	工学	2015.03
戴明	建筑历史与理论	伍江	信息化进程中建筑设计的历史变迁	工学	2015.03
李胜	建筑历史与理论	伍江	维欧勒·勒·杜克风格性修复思想和实践的研究及其借鉴	工学	2015.03
黄晔	建筑历史与理论	伍江	历史街区与在保护的空间自组织研究——以田子坊街区的创新扩散为例	工学	2015.03
李向北	建筑历史与理论	郑时龄	论中国建筑的意义生产——从现代到当代的转换和重构	工学	2015.03

续表 1

姓名	专业	导师	论文题目	学位类别	授予学位年月
孙震	建筑设计及其理论	戴复东	信息时代控制论影响下的建筑自适应性研究	工学	2015.03
高强	建筑设计及其理论	黄一如	中国城市集合住宅户内空间形态的趋同性及多样性研究	工学	2015.03
陈珊	建筑设计及其理论	黄一如	基于历时性视角的保障性住房规划与设计策略研究	工学	2015.03
何刚	建筑设计及其理论	李斌	传统村落的空间行为研究 --- 以河南郏县朱洼村和张店村为例	工学	2015.03
唐可清	建筑设计及其理论	李振宇	和而不同——中国驻外外交馆舍建筑设计研究	工学	2015.03
张玲玲	建筑设计及其理论	李振宇	上海保障性住房规划与单体设计技术策略研究	工学	2015.03
李强	建筑设计及其理论	钱锋	冬奥会场馆建设战略研究	工学	2015.03
高山兴	建筑设计及其理论	钱锋	我国绿色体育建筑设计策略研究	工学	2015.03
程骁	建筑设计及其理论	吴长福	公共关系视域下公共建筑之公共性研究	工学	2015.03
刘华伟	建筑设计及其理论	邢同和	当代城市商业空间的属性及其对顾客行为的影响	工学	2015.03
王茜	建筑技术科学	郝洛西	基于昼夜节律光生物学理论的照度与光谱特性研究	工学	2015.03
吴耀华	建筑技术科学	宋德萱	长江中游城镇住区基于生态修复的被动式设计策略研究	工学	2015.03
夏翀	建筑技术科学	宋德萱	作为气候缓冲策略的建筑过渡空间关键技术研究	工学	2015.03
李久君	建筑历史与理论	李浈	赣东闽北乡土建筑营造技艺探析	工学	2015.06
苏炯	建筑历史与理论	郑时龄	西班牙当代建筑及其思潮研究	工学	2015.06
塞尔江哈	建筑设计及其理论	黄一如	绿洲聚落营造智慧与当代适应性研究——以新疆南部丝路沿线聚落为例	工学	2015.06
程雪松	建筑设计及其理论	项秉仁	当代上海地区博物馆建筑设计的转型和演变	工学	2015.06

优秀研究生论文

表 1. 2014 年上海市优秀研究生论文—建筑系

获奖人	导师	论文题目	学位
刘涤宇	常青	中国古代市井图像的时空特征：历代《清明上河图》比较研究	博士
李伟	李浈	班尺探微——侗族乡土建筑营造尺法的应用分析	硕士

表 1. 2014 年同济大学优秀博士生论文 - 建筑系

获奖人	导师	论文题目	学位
董一平	常青	机械时代的历史空间价值——工业建筑遗产理论及其语境研究	博士
郭屹民	王骏阳	触发形态的结构：关于日本当代 1995—2011 年期间建筑设计的一种方法的研究	博士

著作

表 1. 2014 ～ 2015 年建筑系发表著作列表

著作名称	著作类别	出版社名称	出版年份	作者
步行与换乘的交集	专著	同济大学出版社	2015	许凯 (1)
空间的回响 回响的空间	译著	中国建筑工业出版社	2015	胡滨 (1)
世博之光	专著	中国建筑工业出版社	2014	郝洛西 (1)
西岸 2013 建筑与当代艺术双年展建筑分册	编著	同济大学出版社	2013	李翔宁 (1)
城市跨河形态与设计（第 2 版）	专著	东南大学出版社	2014	杨春侠 (1)
高层建筑空调设计及工程实录	编著	中国建筑工业出版社	2014	叶海 (6)
建筑节能技术	其他	现代出版社	2014	叶海 (1)
关系的散文	其他	辽宁科学技术出版社	2015	章明 (1)

Awards

建筑批评学
(第二版)
ARCHITECTURAL
CRITICISM
AN INTRODUCTION TO
URBAN DESIGN:
VALUE,
城市设计概论：
价值、认识与方法
PERSPECTIVE AND
METHODOLOGY

获奖

教学成果获奖

表 1. 2015 年校级教学成果奖

	获奖课程	教师	获奖
1	创建《城市阅读》专业基础课程	伍江、刘刚、卢永毅、王兰、田莉、李翔宁、沙永杰、侯斌超	特等
2	“历史、理论、评论”三位一体的建筑理论教学体系建设	郑时龄、常青、卢永毅、王骏阳、李翔宁	特等
3	引领中国建筑设计基础教学——三十年持续性建筑设计基础教学改革	戴复东、张建龙、赵巍岩、李兴无、王志军、徐甘、孙彤宇、章明、黄一如	一等
4	以建筑病理学为核心的历史建筑保护工程专业技术课程体系	戴仕炳、常青、张鹏、鲁晨海、卢文胜	一等
5	数字化建筑设计与建造一体化教学	钱锋、袁烽、尼尔·里奇、李翔宁、孙澄宇、臧伟、朱赟	一等
6	构建国际话语体系为导向的当代中国建筑与城市研究国际课程实践	李翔宁、张晓春、周鸣浩、王凯、华霞虹、田唯佳	二等
7	传承中创新——从系统工程角度进行艺术教学的学科建设	阴佳、赵巍岩、张建龙、于幸泽、田唯佳	二等
8	“产学研”协力共进下的建筑光环境课程十五年教学探索与创新实践	郝洛西、林怡、崔哲	二等
9	强化实践性的大建筑类专业复合教学改革试点	张永和、王方戟、王凯、柳亦春	二等
10	以工程意识、人文思想和社会责任三合一为导向的建筑学专业课程群建设与教学改革探索	左琰、郝洛西、吴根华、徐磊青、朱宇晖	二等
11	国际太阳能十项全能住宅设计课程	钱锋、谭洪卫、佘中奇	二等
12	“空间与身体·设计与认知”——建筑设计基础课课程改革与实践	胡滨、王红军、金倩	鼓励
13	适宜绿色建筑导向的建筑技术教学体系与人才培养	宋德萱、郝洛西、叶海、杨峰、李丽	鼓励
14	艺术理论类课程的全英语教学和国际化建设	胡炜、郑允	鼓励
15	国际视野的高密度城市研究——同济华盛顿大学联合城市设计	杨春侠、庄宇、黄林琳、John Hoal、卜冰	鼓励
16	一种面向人才培养、提升创新思维的应用于工程及相关领域的全新教学模式——结合建筑学、视觉传达及设计教学理论的跨学科研究	郭安筑	鼓励

表 2. 上海市普通高校优秀教材奖

序号	教材名称	主 编	出版社	出版年份	获奖年份	版次
1	建筑批评学（第二版）	郑时龄	中国建筑工业出版社	2014.5	2015	2
2	城市设计概论	王一	中国建筑工业出版社	2011.1	2015	1

设计成果获奖

表 1. 2014 ~ 2015 年设计成果获奖清单

项目名称	项目负责人	所获奖项
同济科技园 A2 楼(巴士一汽改造项目——设计院新大楼)	曾群	2014 中国建筑学会建筑创作奖
上海当代艺术博物馆	章明	2014 中国建筑学会建筑创作奖
上海当代艺术博物馆	章明	第八届中国威海国际建筑设计大奖
上海当代艺术博物馆	章明	2014 中国建筑奖
上海鞋钉厂改建项目（原作设计工作室）	章明	2014 中国建筑学会建筑创作奖
上海鞋钉厂改建项目（原作设计工作室）	章明	第八届中国威海国际建筑设计大奖
上海鞋钉厂改建项目（原作设计工作室）	章明	2015 年两岸四地建筑设计大奖
同济大学一・二九大楼装饰工程	吴长福	2014 中国建筑学会建筑创作奖
同济大学一・二九大楼装饰工程	吴长福	第八届中国威海国际建筑设计大奖
同济大学能源楼修缮项目（建筑与城市规划学院 D 楼）	谢振宇	2014 中国建筑学会建筑创作奖
山东省美术馆	李立	2014 中国建筑学会建筑创作奖
山东省美术馆	李立	2015 年度教育部优秀工程勘察设计
山东省美术馆	李立	2015 年度教育部优秀工程勘察设计
山东省美术馆	李立	第八届中国威海国际建筑设计大奖
同济大学嘉定校区留学生公寓	李振宇	2014 中国建筑学会建筑创作奖
常熟市体育中心体育馆	钱锋	2015 年度教育部优秀工程勘察设计
范曾艺术馆	章明	2015 年度教育部优秀工程勘察设计
扬州广陵公共文化中心	章明	2015 上海市建筑学会建筑创作奖
雅安市旅游安全应急救援中心	章明	2015 上海市建筑学会建筑创作奖
晋中市城市规划展示馆	章明	2015 上海市建筑学会建筑创作奖
千岛湖进贤湾安龙森林公园东部小镇 E 地块	章明	2015 上海市建筑学会建筑创作奖
钟灵组团倒房户安置房 P05 地块	李振宇	2015 上海市建筑学会建筑创作奖
苏州市吴江区体育中心	钱锋	2015 上海市建筑学会建筑创作奖
中国商业与贸易博物馆、义乌市美术馆项目建设工程	李麟学	2015 上海市建筑学会建筑创作奖
射阳万寿园详细规划及建筑设计	王一	2015 上海市建筑学会建筑创作奖
金山区广播电视发射塔迁建项目	郑时龄	2015 上海市建筑学会建筑创作奖
上实低碳农业园小粮仓室内外环境设计	陈易	2015 上海市建筑学会建筑创作奖
遂宁市体育中心	钱锋	2015 年度上海市优秀勘察设计

类别	获奖级别	颁奖机构
建筑保护与再利用类	金奖	中国建筑学会
建筑保护与再利用类	金奖	中国建筑学会
特别奖	城建金牛奖	中国建筑学会 / 山东省住房和城乡建设厅 / 威海市人民政府
	WA 城市贡献奖 / 佳作奖	世界建筑
建筑保护与再利用类	银奖	中国建筑学会
	金奖	中国建筑学会 / 山东省住房和城乡建设厅 / 威海市人民政府
	银奖	香港建筑师学会
建筑保护与再利用类	银奖	中国建筑学会
	优秀奖	中国建筑学会 / 山东省住房和城乡建设厅 / 威海市人民政府
建筑保护与再利用类	银奖	中国建筑学会
公共建筑类	银奖	中国建筑学会
建筑工程	一等奖	中国勘察设计协会高等院校勘察设计分会
建筑结构	一等奖	中国勘察设计协会高等院校勘察设计分会
	优秀奖	中国建筑学会 / 山东省住房和城乡建设厅 / 威海市人民政府
	入围奖	中国建筑学会
建筑工程	二等奖	中国勘察设计协会高等院校勘察设计分会
建筑工程	一等奖	中国勘察设计协会高等院校勘察设计分会
公建类	优秀奖	上海市建筑学会
公建类	优秀奖	上海市建筑学会
公建类	优秀奖	上海市建筑学会
公建类	优秀奖	上海市建筑学会
居住类	优秀奖	上海市建筑学会
公建类	佳作奖	上海市建筑学会
公建类	佳作奖	上海市建筑学会
公建类	佳作奖	上海市建筑学会
公建类	佳作奖	上海市建筑学会
园林景观类	佳作奖	上海市建筑学会
公建类	一等奖	上海市勘察设计行业协会

1. 部分获奖设计作品实景图

EVENTS

学术活动

Lectures

讲座

表 1. 2014 年建筑系讲座一览

编号	标题	主讲人	主持人
1	David Chipperfield Architects-"10 years working in China"	陈立缤	李振宇
2	2014 秋硕博研究生必修课“建筑学前沿：（手）工艺”系列讲座第 5 周 Finite Element Analysis: Limits of Iron – Henri Labourste: The Bibliothèque Sainte-Geneviève Photo-Elasticity: Optical Structure – Giuseppe Terragni: The Palazzo del Littorio Project	Michael BELL	张永和 / 李翔宁
3	2014 秋硕博研究生必修课“建筑学前沿：（手）工艺”系列讲座第 7 周 Antonio Gaudi and August Perret: Limits of the hand and mind	Wei KE（柯卫）	张永和 / 李翔宁
4	2014 秋硕博研究生必修课“建筑学前沿：（手）工艺”系列讲座第 8 周 Craft as a Tradition in Modern Architecture: A General Survey	王辉	张永和 / 李翔宁
5	2014 秋硕博研究生必修课“建筑学前沿：（手）工艺”系列讲座第 9 周 Tradition in Modernity and the Voices beyond: Chang Chao-Kang, Wang Da-Hong and Luke Him-Sau	Weijen WANG（王维仁）	张永和 / 李翔宁
6	2014 秋硕博研究生必修课“建筑学前沿：（手）工艺”系列讲座第 10 周 Francesco Borromini: Stonemason and Architect	Monica Chen LIU（刘晨）	张永和 / 李翔宁
7	2014 秋硕博研究生必修课“建筑学前沿：（手）工艺”系列讲座第 11 周 Bricolage as Process	James SHEN（沈海恩）	张永和 / 李翔宁
8	2014 秋硕博研究生必修课“建筑学前沿：（手）工艺”系列讲座第 12 周 La Casa Luis Barragán and the Construction of an Individual Life	Xiangning LI（李翔宁）	张永和 / 李翔宁

续表 1

编号	标题	主讲人	主持人
9	2014 秋硕博研究生必修课“建筑学前沿：（手）工艺”系列讲座第 13 周 Hand as Collective Memory: Rendering the Strange into the Familiar	Rossana Ru-Shan HU（胡如珊）	张永和 / 李翔宁
10	2014 秋硕博研究生必修课“建筑学前沿：（手）工艺”系列讲座第 14 周 Jrn Utzon: Modernism and Hybrid Crafts	Junyang WANG（王骏阳）	张永和 / 李翔宁
11	2014 秋硕博研究生必修课“建筑学前沿：（手）工艺”系列讲座第 15 周 Antoni Gaudi: Design and Craftsmanship (from Neo-Gothic to Catalan Modernism)	Monica Chen LIU（刘晨）	张永和 / 李翔宁
12	2014 秋硕博研究生必修课“建筑学前沿：（手）工艺”系列讲座第 16 周 Architectural Drawing as a Critical Craft	Hui WANG（王辉）	张永和 / 李翔宁
13	2014 秋硕博研究生必修课“建筑学前沿：（手）工艺”系列讲座第 17 周 Final Comments on Assignments	Yung Ho CHANG and Xiangning LI（张永和与李翔宁）	张永和 / 李翔宁
14	中日“结构建筑学 Archi-neering”学术研讨会	沈祖炎等	卢永毅
15	关于建筑中结构构件的选用方式：以近期作品为例	小西泰孝	王骏阳
16	历久弥新的建筑典范：巴黎圣母院 Notre-Dame：A Long Lesson of Architecture	本杰明・穆栋	邵甬 / 张鹏
17	城市在（再）思考 Thinking The City Differently	克里斯蒂安・德・包赞巴克	李振宇
18	Mega Cities: Financing Urban Transport Infrastructure by Prof. John Black	约翰・布莱克	李翔宁
19	中国新型城镇化发展论坛暨《建筑学报》创刊六十周年纪念：分论坛二：应对城市环境的建筑创作	伍江等	李振宇
20	在古典建筑与民间建筑之间 Between the Classicism and Vernacularism	奥山信一	王骏阳

续表 1

编号	标题	主讲人	主持人
21	中德建筑比较特邀讲座 The Future of the Past: from Venice to Hamburg	托马斯·约赫	蔡永洁
22	中德建筑比较特邀讲座 The Diverse Architectural Phenomena We See in Europe	李振宇	李振宇
23	How Green is My City	迈克尔·索金	李翔宁
24	中德建筑比较特邀讲座 Green Building Design Theory, Technology and Practice	沃尔夫冈·弗莱	李振宇
25	同济大学顾问教授 冯格康授证仪式暨学术报告会："合理性是建筑设计的宗旨" Ceremony for Conferring Prof. Dr. Meinhard von Gerkan as Advisory Professor of Tongji University & Symposium: Meaning: the Guiding Principle of Architecture	曼哈德·冯·格康	李振宇
26	中德建筑比较特邀讲座 On Old Foundations: Buildings in a Historical Context	尼古劳斯·格茨	李振宇
27	2014 时代建筑论坛：建筑与媒体 / 建筑与媒体的互动关系、建筑传媒与中国当代建筑的发展	伍江等	张晓春
28	形式与政治：一种研究思考建筑的方法，暨二十年建筑研究回顾	朱剑飞	王骏阳
29	向 __ 学习？ 2013 级研究生导读课论坛	周鸣浩、王方戟等	周鸣浩
30	中国建筑时代的策展	方振宇	李翔宁

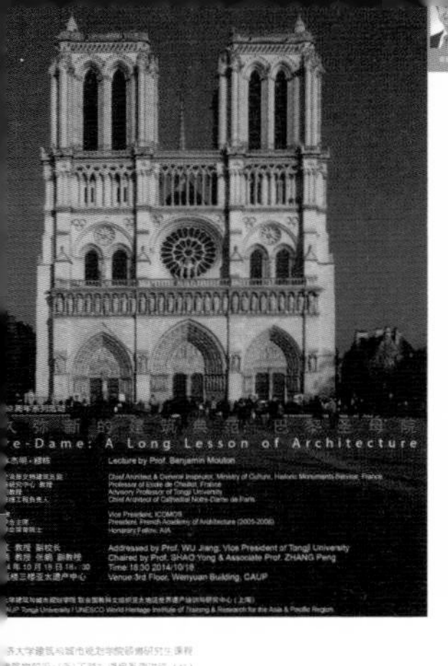

e-Dame: A Long Lesson of Architecture

Lecture by Prof. Benjamin Mouton

Addressed by Prof. WU Jiang, Vice President of Tongji University
Chaired by Prof. SHAO Yong & Associate Prof. ZHANG Peng
Time: 18:30 2014/10/16
Venue: 3rd Floor, Wenyuan Building, CAUP

中日“结构建筑学 Archi-neering”学术研讨会暨 Archi-neering Design(A.N.D) 展

中日“结构建筑学 Archi-neering”学术研讨会

主旨与构想

Archi-neering Design（A.N.D）展

《建筑学前沿：(手)工艺》课程系列讲座（三）

LECTURES ON FRONTIERS OF ARCHITECTURE: CRAFT

LECTURES ON HENRI LABROUSTE AND GIUSEPPE TERRAGNI

时间：10月14日18:30-21:30 地点：钟庭报告厅
Time: 18:30 - 21:30, Oct. 14th Venue: The Bell Hall

《中德建筑比较》特邀讲座

Sondervortrag fuer "Vergleich von deutscher und chinesischer Ar

David Chipperfield Archit

"10 years working in China"

in English
英语演讲

Libin Chen 陈立缤

Director of
David Chipperfield Architects, Shanghai

2014 年 10 月 8 日（星期三） 晚 18：30
同济大学建筑与城市规划学院 B 楼二楼 钟庭报告厅
18：30 pm, 8th Oct. 2014 (Wed.),
Bell Lecture hall, 2F, Building B of CAUP, Tongji University
主持人：李振宇 教授
Moderator: Prof. Dr. LI Zhenyu

请选课同学参加，欢迎广大老师同学光临！Wel

LECTURES ON FRONTIERS OF ARCHITECTURE: CRAFT

RANCESCO BORROMINI:
TONEMASON AND ARCHITECT

刘晨
Monica Chen LIU

时间：11月18日18:30-20:00 地点：钟庭报告厅
Time: 18:30 - 20:00, Nov. 18th Venue: The Bell Hall

LECTURES ON FRONTIERS OF ARCHITECTURE: CRAFT

BRICOLAGE AS PROCESS

沈海恩
James SHEN

时间：11月25日18:30-20:00 地点：钟庭报告厅
Time: 18:30 - 20:00, Nov. 25th Venue: The Bell Hall

中国建筑时代的策展

方振宁——评论家，独立策展人
2014年12月25日（下午）16：00时
建筑与城市规划学院D2报告厅

《中德建筑比较》特邀讲座

Sondervortrag für "Vergleich von deutscher und chinesische

On Old Foundations:

Buildings in a historical c

in English
英语演讲

Nikolaus Goetze

Dipl.-Ing. Architect
Partner of gmp

尼古劳斯•格茨

gmp 事务所合伙人
建筑师，工程硕士
汉堡总部、上海、河内分部负责人

2014 年 12 月 10 日（星期三） 晚 18：30
同济大学建筑与城市规划学院 B 楼二楼 钟庭报告厅
18：30 pm, 10th Dec. 2014 (Wed.),
Bell Lecture hall, 2F, Building B of CAUP, Tongji University
主持人：李振宇 教授
Moderator: Prof. Dr. Li Zhenyu

请选课同学参加，欢迎广大老师同学光临！Welcom

遗产保护的“真实性”和“完整性”

——纪念《威尼斯宪章》50周年和《奈良文件》20周年

2014年12月10日 19:00
同济大学文远楼三楼亚太遗产中心

《中德建筑比较》特邀讲座

Sondervortrag für "Vergleich von deutscher und chinesischer Architektur"

the Future of the Past

from Venice to Hamburg

in English
英语演讲

Prof. Dr.-Ing Thomas Jocher

Stuttgart University, Germany
Vice Dean of Faculty Architecture and Urban Planning
Director of Institute Housing and Design

托马斯·约赫 教授、博士

德国斯图加特大学
建筑学院副院长
住宅与设计研究所所长

2014 年 11 月 7 日（星期五） 晚 18：30
同济大学建筑与城市规划学院 B 楼二楼 钟庭报告厅
18：30 pm, 7th Nov. 2014 (Fri.),
Bell Lecture hall, 2F, Building B of CAUP, Tongji University
主持人：蔡永洁 教授
Moderator: Prof. Dr. Cai Yongjie

请选课同学参加，欢迎广大老师同学光临！Welcome!

遗产保护 之 学术讲座

《威尼斯宪章》50周年：保护规范性框架的演进与《世界遗产公约》的未来

50 Years of the Venice Charter: the Evolution of the Normative Framework for Conservation and the Future of the World Heritage Convention

演讲人：弗朗西斯科·巴德林 Lecture by Prof. Francesco Bandarin

时间：2014年12月15日 18:00-19:30 Time: 18:00-19:30 2014/12/15
地点：同济大学文远楼三楼亚太遗产中心 Venue: 3rd Floor, Wenyuan Building, Tongji University

同济大学建筑与城市规划学

城乡规划方法与技术团队系列讲

区域规划模型的开发与应用

——以南加州规

演讲人：潘

美国德州南方大学
公共事务学院城市规划与环境政策学系

主持人：王 德 教授

欢迎各位老师同学参加！

活动结束前请勿覆盖，谢谢！

时间：2014 年 12 月 22 日（周一）18:3

地点：同济大学建筑与城市规划学院 D

德建筑比较》特邀讲座

ervortrag für "Vergleich von deutscher und chinesischer Architektur"

een Building Design

eory , Technology and Practice

夫冈·弗莱

fgang Frey

年 11 月 26 日（星期三） 晚 18：30
大学建筑与城市规划学院 B 楼二楼 钟庭报告厅
) pm, 26th Nov. 2014 (Wed.),
ecture hall, 2F, Building B of CAUP, Tongji University
人：李振宇 教授
erator: Prof. Dr. LI Zhenyu

CBC Talk
大师讲堂

CHRISTIAN DE PORTZAMPARC

THINKING THE CITY DIFFERENTLY
城市在(再)思考

克里斯蒂安·德·包赞巴克

2014年10月30日 18:00-20:00

LECTURES ON FRONTIERS OF ARCHITECTURE: CRAFT

ARCHITECTURAL DRAWING AS A CRITICAL CRAFT

王辉
Hui WANG

时间：12月30日18:30-20:00 地点：钟庭报告厅
Time: 18:30 - 20:00, Dec. 30th Venue: The Bell Hall

《建筑学前沿：(手)工艺》课程系列讲座（五）

LECTURES ON FRONTIERS OF ARCHITECTURE: CRAFT

CRAFT AS A TRADITION IN MODER
ARCHITECTURE: A GENERAL SURVE

时间：11月04日18:30-21:00 地点：钟庭报告厅
Time: 18:30 - 21:00, Nov. 4th Venue: The Bell Hall

结构构件的选用方式

Fieldwork

可持续的城市与区域绿色基础设施发展 案例报告

Practice on Sustainable Urban and Regional Green Infrastructure Development

MEGA CITIES: FINANCING URBAN TRANSPORT INFRASTRUCTURE - AN AUSTRALIAN PERSPECTIVE

报告人：
JOHN BLACK教授
UNSW Australia
Professor of Transport Engineering

讲座信息：

In the context of 21st Century global urbanization, the term mega city implies rapid development with its associated concentration of economic, social and cultural activities. In all cities throughout the world demand pressures are placed on the capacities and operational performance of existing multi-modal transport systems. The requirements of economic, social and environmental sustainability impose additional challenges on policy-makers to select suitable capital investment packages for transport. Once a metropolitan transport strategy has been formulated the critical problem is how to finance the infrastructure and services necessary given the general world-wide problem that infrastructure needs far outstrip the ability of governments to pay, or the more specific local issue of the allocation of a fixed budget for transport given the competing demands of education, health and so on.

Full details are contained in The Australian Trade Commission (2014) Financing Infrastructure (http://www.austrade.gov.au/Buy/Australian-Industry-Capability/Financial- Services/default.aspx.)

讲座时间
2014.10.28下午14:30
建筑与城市规划学院B楼231室

LECTURES ON FRONTIERS OF ARCHITECTURE: CRAFT

ANTONI GAUDI AND AUGUSTE PERRET: MYSTERY OF THE HAND AND THE MIND

GENERAL INTRODUCTION

时间：10月28日18:30-20:00 地点：钟庭报告厅
Time: 18:30 - 20:00, Oct. 28th Venue: The Bell Hall

In English
英语演讲

...thy Places
...e Transition Century

哈佛大学设计学院
Ann Forysth
Professor in Urban Planning
Harvard University

...于一凡教授 同济大学建筑与城市规划学院
...14年11月27日（星期四）晚6:00-8:00
...济大学建筑与城市规划学院D楼5层D2报告厅

...r: Professor Yifan Yu
...Architecture and Urban Planning, Tongji University
...rsday, November 27th 2014, 6:00-8:00PM
...Lecture Room D2, 5th Floor, D Building, College of
...re and Urban Planning, Tongji University

LECTURES ON FRONTIERS OF ARCHITECTURE: CRAFT

LA CASA LUIS BARRAGAN AND THE CONSTRUCTION OF AN INDIVIDUAL LIFE

时间：12月2日18:30-20:00 地点：钟庭报告厅
Time: 18:30 - 20:00, Dec. 2th Venue: The Bell Hall

LECTURES ON FRONTIERS OF ARCHITECTURE: CRAFT

CRAFTING THE UNSPEAKABLE (FORMING MEMORY THROUGH SPACE): LOUISE BOURGEOIS

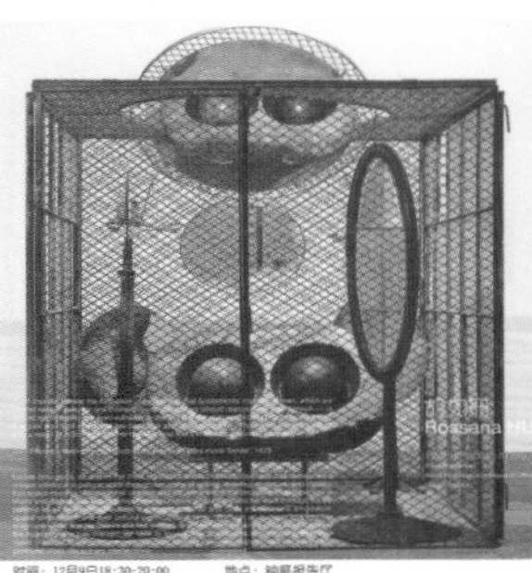

时间：12月9日18:30-20:00 地点：钟庭报告厅
Time: 18:30 - 20:00, Dec. 9th Venue: The Bell Hall

HOW GREEN IS MY C...
By Michael David Sorkin

迈克尔·索金
美国艺术与科学学院院士
Fellow of the American Academy of Arts & Sciences
纽约城市大学建筑学杰出教授
Distinguished Professor, City University of New York
迈克尔·索金事务所 总监
Principal of Michael Sorkin Studio
城市设计协会 主席
Chair of the Institute for Urban Design

2014/11/13 , 18:30
A214, CAUP A Building (Wenyuan Building)
Moderator: Prof. LI Xiangning
时间：2014/11/13 18:30
地点：文远楼214
主持：李翔宁 教授

LECTURES ON FRONTIERS OF ARCHITECTURE: CRAFT

...TWEEN ORESTES AND HAMLET: THE ...CTURE ODYSSEY OF ANTONI GAUDI

刘晨
Monica Chen LIU

...18:30-20:00 地点：钟庭报告厅
...00, Dec. 23rd Venue: The Bell Hall

同济大学顾问教授冯·格康授证仪式暨学术报告会

Ceremony for Conferring Prof. Dr. Meinhard von Gerkan as Advisory Professor of Tongji University & Symposium

与会嘉宾：
郑时龄 院士
Guest of Honor:
Zheng Shiling, Academician of CAS

2014.12.04 17:30-19:30
建筑与城市规划学院－钟庭报告厅
Bell Lecture Hall
College of Architecture and Urban Planning

《中德建筑比较》特邀讲座
Sondervortrag für "Vergleich von deutscher und chinesischer Architektur"

the diverse architectural phenomena we see in Europe

in English
英语演讲

Prof. Dr. Li Zhenyu
李振宇 教授、博士

Dong Jia 董嘉
Holistic Energy Efficient Renewal of Large Scale Housing in Germany
Du Jin 杜瑾
Commercial Space in European City Blocks
Qi Zhiyi 齐志一
Living in mini block- cases in Bo01
Wang Zhenyu 王振宇
DIFFERENT COURTYARD
Xiao Lu 肖璐
"Delete" or Insert -- Design Strategy of New Housing built in Existing Urban Areas

2014年11月12日（星期三） 晚18：30
同济大学建筑与城市规划学院D楼五楼 D2报告厅
18：30 pm, 12th Nov. 2014 (Wed.),
D2 Lecture Room, 5F, Building of CAUP, Tongji University

请选课同学参加，欢迎广大老师同学光临！Welcome!

LECTURES ON FRONTIERS OF ARCHITECTURE: CRAFT

JØRN UTZON: MODERNISM AND THE HYBRID CRAFT

时间：12月16日18:30-20:00 地点：钟庭报告厅
Time: 18:30 - 20:00, Dec.16th Venue: The Bell Hall

建筑与民间建筑之间
...lassicism and Vernacularism

2014时代建筑论坛·建筑与媒体

ARCHITECTURE AND MEDIA 建筑与媒体

LECTURES ON FRONTIERS OF ARCHITECTURE: CRAFT

TRADITION IN MODERNITY AND THE VOICES BEYOND: CHANG CHAO-KANG, WANG DA-HONG AND LUKE HIM-SAU

时间：11月11日18:30-20:00 地点：钟庭报告厅
Time: 18:30 - 20:00, Nov. 11th Venue: The Bell Hall

为了增长的规划
中国的城市与区域规划
Planning for G...

主持人：杨贵庆教授
讲座时间：11月4号（周二）18：30分
地点：建筑与城市规划学院D楼D2报告厅

吴缚龙
Prof. Fulong Wu

表 2. 2015 年建筑系讲座一览

编号	标题	主讲人	主持人
1	2014 秋硕博研究生必修课“建筑学前沿：（手）工艺”系列讲座第 17 周 Final Comments on Assignments	Yung Ho CHANG and Xiangning LI（张永和与李翔宁）	张永和 / 李翔宁
2	大数据与时空行为规划研讨会暨第十次空间行为与规划研究会 / 上午第一场	王德	王德
3	与古为新——古典园林与现代性	俞泳、童明	刘悦来
4	这不是零！——与艺术家胡项城关于乡土文化保护的对话 This is Not Zero! A Dialogue with Artist Hu Xiangcheng on the Conservation of Vernacular Culture	胡项城等	卢永毅 / 邵甬
5	中德建筑比较特邀讲座 Resource and Energy-Efficient Building:	德尔克・施威德	李振宇
6	城市设计实践座谈会	伍江等	庄宇
7	2015 年春学期“现代住宅类型学”课程第一堂：导论	李振宇	李振宇
8	参数符号学 Parametric Semeiology	帕特里克・舒马赫	李翔宁
9	2015 年春学期“现代住宅类型学”课程第二堂：现代住宅的社会学类型	李振宇	李振宇
10	当代中国城市问题选讲第二讲：中国城镇化与城乡统筹 Lectures on Selected Contemporary China Urban Issues	彭震伟	伍江
11	2015 年春学期“现代住宅类型学”第三讲：“从交通大数据看居民社区活动行为”暨阮昕教授顾问教授授证仪式	杨东援、阮昕	李振宇
12	殊途同归：法国和英国的哥特建筑演绎	王辉	卢永毅
13	风土建筑系列专题讲座 1：地域谱系认知途径	常青	常青
14	根基：在景观与建筑之间	Joel Sanders, Professor	李翔宁

续表 2

编号	标题	主讲人	主持人
15	2015 年春学期“现代住宅类型学”第四讲：现代住宅的城市设计类型	李振宇	李振宇
16	洛杉矶 / 上海：抗争空间之个性 LA / Shanghai: Contested Spaces of Identity	丹娜・卡夫等	李翔宁
17	埃菲尔铁塔：著名工业遗产更新中的生态和科技挑战	Alain Moatti	卢永毅
18	中国与中国风：自 16 世纪作为欧洲上层社会之幸福、秩序、科学和娱乐寄托的远东乌托邦——基于法兰克尼亚的历史和案例 China and Chinoiserie: the Far Utopia Island of Happiness, Order, science and Pleasure for the European Upper Class since the 16th Century —— History and Examples with a Special Focus on Frankonia	康拉德・费舍	蔡永洁
19	私人或公共目标的历史建筑修缮：基于现代标准之外传统工艺再现的历史建筑经济与节能设计方法 Building Rehabilitation for Private or Public Purpose: the Methods of Planning and Building for Economic and Energy Saving Projects Working with Rediscovered Traditional Craftsmanship outside Modern Building Standards of Fake Building Physics	康拉德・费舍	张鹏
20	当代中国城市问题选讲第四讲：中国城镇化未来发展的空间路径分析	张尚武	伍江
21	2015 年春学期“现代住宅类型学”课程第五讲：现代住宅的功能与形式类型	李振宇	李振宇
22	当代中国城市问题选讲第五讲：上海城市空间的文化解读	李翔宁	伍江
23	Placemaking: the Creation of Public Spaces which Enhance Communications and Promote Health and Wellbeing	Stephen Hodder	李彦伯
24	当代中国城市问题选讲第六讲：上海历史街道风貌演进及风貌道路保护政策初探	侯斌超	伍江
25	创造新颖而高效的结构与材料 Create Innovative and Efficient Structures and Materials	谢亿民	袁烽

续表 2

编号	标题	主讲人	主持人
26	城市建筑 价值观念的交汇 City building: a convergence of values	弗瑞德·克拉克	
27	当代中国城市问题选讲第七讲： 历史保护能否推动上海中心城区再开发模式的转型	刘刚	伍江
28	城市设计学术研讨会——走向可实施的城市设计	李振宇、郑时龄、俞斯佳、黄如楷等	吴伟
29	2015 年春学期“现代住宅类型学”课程特邀讲座第七讲：天不怕，地不怕，就怕推广 / 没有标准化	居培成、李振宇	李振宇
30	米兰世博会与垂直城市 Milan EXPO & vertical forest	斯坦法诺·博埃里 (Stefano Boeri)	李振宇
31	当代中国城市问题选讲第八讲：城市历史文化遗产保护中的认识误区	伍江	伍江
32	“21 世纪中国的城乡转型”国际会议	伍江、彭震伟等	伍江
33	2015 年春学期“现代住宅类型学”课程特邀讲座第八讲：现代住宅的生态与更新类型 – 德国生态住宅	李振宇、邓丰	李振宇
34	主动的建筑与城市——未来可持续建筑	曼弗雷德·黑格尔 （Manfred Hegger）	曲翠松
35	当代中国城市问题选讲第九讲：中美城市再开发与规划比较	王兰	伍江
36	2015 年春学期“现代住宅类型学”课程特邀讲座第九讲：现代住宅类型学小结	李振宇	李振宇
37	当代中国城市问题选讲第十讲：城市空间肌理与街道空间特征	沙永杰	伍江
38	城市形态，作为变化的经济、意识形态和社会政治影响的反映 + 研究生课程设计“城市超级步行街区”中期评图	Klaus Semsroth	孙彤宇、许凯
39	2015 年春学期“现代住宅类型学”课程特邀讲座第十讲：中国住宅的类型学特征（上）	李振宇	李振宇
40	同济大学光环境实验室 2015 国际光年系列活动：“光于建筑”论坛	汪孝安、章明、张西、郝洛西	郝洛西

续表 2

编号	标题	主讲人	主持人
41	本科生“建筑理论与历史”系列一：工业、技术：一个不同的世界——现代建筑的前提 Industry, Technology: the Changed World as a Prerequisite of Modern Architecture	Werner Oechslin	卢永毅
42	同济大学 108 周年校庆建筑城规学院系列活动：“设计与创新”校友报告会（上）职业生涯大讲堂	李振宇、彭震伟、校友	王晓庆
43	同济大学 108 周年校庆建筑城规学院系列活动：“设计与创新”校友报告会（下）2015 年春学期“现代住宅类型学”课程特邀讲座第十一讲：住宅设计与新类型 / 天华住宅十五年	傅国华、黄向明	李振宇
44	研究生“外国建筑史”系列二：论传统和历史：普适性以及更高层次的追求对实践和经验的挑战 Consideration of Tradition and History: the University and “Higher” as Challenge to Practice and Empiricism	Werner Oechslin	卢永毅
45	同济大学 108 周年校庆建筑城规学院系列活动：冯纪忠百年诞辰纪念活动	李振宇等	黄一如等
46	本科生“建筑理论与历史”系列二：德意志制造联盟和工业建筑艺术：对改变的世界“欧洲式的”（精神）回应 The Deutsche Werkbund and the Industrial Architecture: the “European” (Spiritual) Response to the Changed World	Werner Oechslin	卢永毅
47	当代中国城市问题选讲第十二讲：城市研究的复杂性与矛盾性	孙施文	伍江
48	城市设计的实践与方法系列讲座，第二讲：Vancouver: False Creek	Alain Chiaradia	庄宇
49	密度美学——香港九龙寨城案例解析 The Aesthetics of Density: the Case of the Kowloon Walled City, HK	Michael W. Knight	蔡永洁
50	同济大学 108 周年校庆建筑城规学院系列活动：2015 建筑系校庆学术报告会 50/60 同济建筑系教师作品报告会	常青、蔡永洁、董春方、黄一如、李振宇，钱锋、王伯伟、王骏阳、魏巍、庄宇	李翔宁、蔡永洁

续表 2

编号	标题	主讲人	主持人
51	同济大学 108 周年校庆建筑城规学院系列活动：女性视角下的城市与生活——直面老龄化	朱伟珏、于一凡等	左琰
52	同济大学 108 周年校庆建筑城规学院系列活动：2015 中外建筑史教学研讨会挑战与机遇——探索网络时代的建筑历史教学之路	常青等	张鹏
53	2015 年春学期“现代住宅类型学”课程特邀讲座第十二讲：中国住宅的类型学特征（下）	李振宇、卢斌、常琦	李振宇
54	研究生“外国建筑史”系列三：“新规则”，现代建筑在形式和“语言”上的基础 （‘New’）regularities. The Foundation of the Modern Architecture in the Form and ‘Language’	Werner Oechslin	卢永毅
55	邻里设计与新都市主义 Neighborhood Design and New Urbanism	阿兰·帕拉图斯 （Alan Plattus）	蔡永洁
56	本科生“建筑理论与历史”系列三：形式的创造 The Invention of the Form	Werner Oechslin	卢永毅
57	Ideal Standard	Kees Kaan	李振宇
58	当代中国城市问题选讲第十三讲：上海规划管理条例的几个问题及与国外城市比较研究	袁烽	伍江
59	妹岛和世：环境与建筑	妹岛和世 （普利兹克奖获得者）	李振宇
60	第一届中国现代建筑历史与理论论坛构想我们的现代性：20 世纪中国现代建筑历史研究的诸视角	Hilde Heynen、卢永毅等	李振宇
61	当代中国体育建筑实践与展望研讨会	魏敦山、马国馨等	钱锋
62	2015 年春学期“现代住宅类型学”课程特邀讲座：第十三讲：居住新趋势——对居住类型的展望	马韬（Marta Pozo）	李振宇
63	研究生“外国建筑史”系列四：现代建筑：一种风格亦是一个时代？历史化：适应和调整；历史的确凿性与正当性 Modern Architecture: a Style and Also an Era? Historicizing: Insertions and Adjustments; Hsitory as Reassurance and Legitimacy.	Werner Oechslin	卢永毅

续表 2

编号	标题	主讲人	主持人
64	本科生“建筑理论与历史”系列四：现代建筑的发展：一种“传统”的形成	Werner Oechslin	卢永毅
65	当代中国城市问题选讲第十四讲：上海城市规划演变	俞斯佳	伍江
66	第一届上海国际城市设计论坛	伍江、吴志强等	庄宇
67	2015 ICCS 城市科学国际研讨会 International Conference on City Science	伍江、吴志强、Javier UCEDA、Iñaki ABALOS	李翔宁
68	当代中国城市问题选讲第十五讲：全球经济格局和全球城市体系的关联分析	唐子来	伍江
69	当代中国城市问题选讲第十六讲：我国当代城市规划与管理若干问题思考	伍江	伍江
70	近现代城市史研究讲坛：欧美近代城市史研究刍议——兼及上海史 Study of Modern European and American Urban History: Related to Shanghai Urban History	卢汉超	卢永毅
71	“建筑学学科前沿动态”课程讲座 : 世界学术地图： 从QS“建筑与建成环境”排名谈起	李振宇	章明

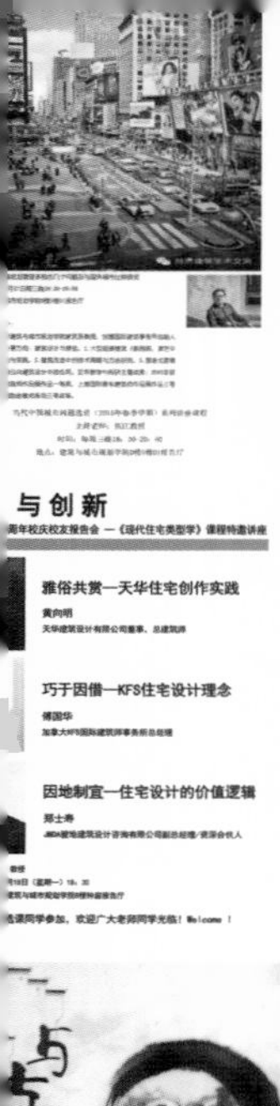

当代中国体育建筑
实践与展望研讨会

The Importance of Designing Access to Nature in Long Term Care Facilities
接近自然：养老院绿地空间设计的重要性

Research and Design of Outdoor Environments for Aging
老年人户外环境设计与研究

5月29日 下午14:00 建筑城规学院D1报告厅

KAZUYO SEJIMA
妹島和世

环境与建筑
ENVIRONMENT AND ARCHITECTURE

2015.05.30 ／ 15:00-16:30

Conceiving Our Modernity:
Perspectives of Study on Chinese Modern Architectural History

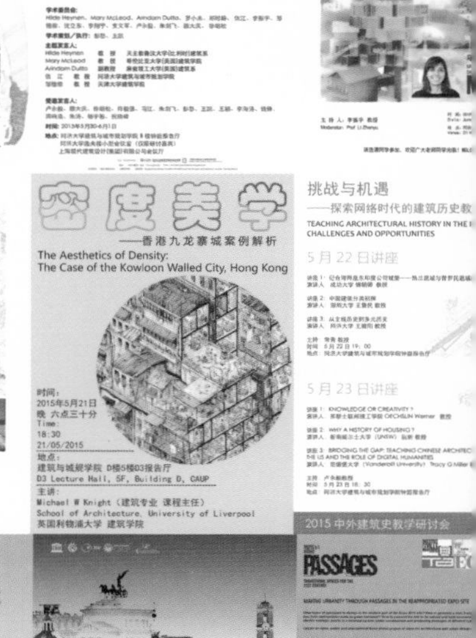

与创新

雅俗共赏—天华住宅创作实践

巧于因借—KFS住宅设计理念

因地制宜—住宅设计的价值逻辑

设计与创新

同济大学108周年校庆校友报告会—“职业生涯大讲堂”系列讲座

毕业30年：我的设计体会与感悟

医疗建筑设计：
技术与艺术、理性与感性的邂逅

跨界之路：从蜡笔到风语筑

在学习中成长：商业化设计公司的实践

欢迎广大老师同学光临！Welcome!

1915 - 2015

冯纪忠先生百年诞辰纪念系列活动

密度美学
——香港九龙寨城案例解析

The Aesthetics of Density:
The Case of the Kowloon Walled City, Hong Kong

挑战与机遇
——探索网络时代的建筑历史教

5月22日讲座

5月23日讲座

2015中外建筑史教学研讨会

这不是零！
THIS IS NOT ZERO！

FINAL REVIEWS OF ASSIGNMENTS
课程终期评图

张永和 · 李翔宁
YUNG HO CHANG & LI XIANGNING

土地问题与中国城镇化

城市保护与价值再现
意大利经验的历史和未来

URBAN CONSERVATION AND VALORISATION

PASSAGES

城市步行空间整合

SHANGHAI

BUILDING REHABILITATION FOR PRIVATE OR PUBLIC PURPOSE

私人或公共目标的历史建筑修缮

CREATE INNOVATIVE AND EFFICIENT STRUCTURES AND MATERIALS
创造新颖而高效的结构与材料

天不怕，地不怕，就要／就怕住宅标准化

辩

NAKED CITY

The Flat City: Making Cities Modeled on Forests
扁平城市 以森林的模式建设城市

Active houses
Active cities

Manfred Hegger

BROOKLYN

新坦法诺 博埃里
米兰世博会与垂直森林

Digital
Landscape
字景观沙龙

Neighborhood Design and the New Urbanism
邻里设计与新都市主义

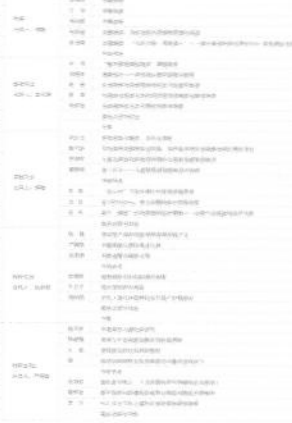

光于建筑

“光于建筑”论坛

同济大学

大数据与时空行为规划

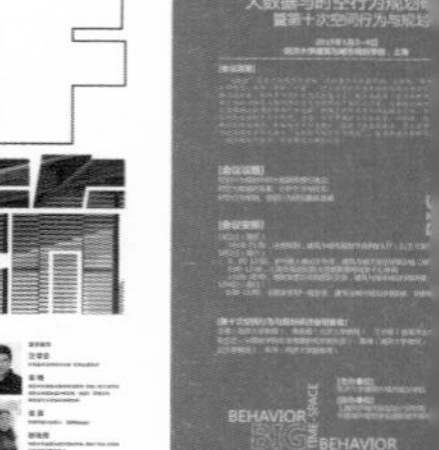

BEHAVIOR
TIME-SPACE

CITY AND LANDSCAPE:
ACROSS SCALES
Kees Kaan
Ideal Standard
27 may 2015 18.00
Bell Hall, Building B
College of Architecture
and Urban Planning
Tongji University, Shanghai

溢价归公 美国城市基础设施投融资的新尝试
Value Capture in Urban Infrastructure Finance
新技术支持下的空间战略规划与城市设计
演讲人：沈振江
欢迎各位老师同学参加！
时间：2015年3月6日（周五）19:30—21:00
风土建筑：地域谱系认知途径
时 间：2015年3月17日15:30
城市设计学术研讨会——
走向可实施的城市设计
MODERN
CHITECTURE
LECTURE
SERIES

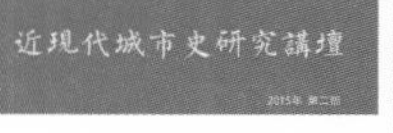
Resource- and Energy-Efficient Building
Design, Construction and Operation:
Application of the German DGNB System in China
Dr. Dirk Schwede

建筑与城市规划学院
城市规划系
校庆学术报告会
直面
老龄化
城市設計實踐座談
世界学术地图
近现代城市史研究講壇
LOS ANGELES
ARCHITECTURE & URBANISM
Dana Cuff
Kevin Daly
Neil Denari
Li Xiangning

ICCS 2015
International Conference on City Sciences
New Architectures, Infrastructures and
Services for Future Cities
城市科学国际研讨会
未来城市的创新建筑、基建及服务体系
International Symposium
Institutions, Land Use and Urban & Rural Developn
制度，土地利用与城乡发展
Time:06/06/2015,Saturday
时间：2015年6月6日（周六）
地点：亚太地区世界遗产培训与研究中心3楼大报告厅
日程安排
从交通大数据看居民社区活动行为
杨东援

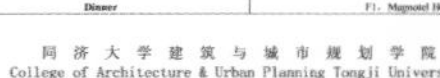
同济大学建筑与城市规划学院
College of Architecture & Urban Planning Tongji University

Exhibitions

展览

表 1. 2014—2015 年展览列表

	时间	展览
2014 年	10 月 17 日	中日“结构建筑学 Arch-neering”学术研讨会暨 Arch-neering Design(A.N.D) 展
	10 月 17 日—11 月 28 日	中日结构建筑学设计展
	11 月 12 日	追梦时空——2014 上海雕塑艺术邀请展及“城市・空间・艺术”主题论坛
	12 月 8 日	营造之美——赴台师生写生及创作作品展
2015 年	3 月 21 日—4 月 3 日	见山——李兴无个人画展
	4 月 23 日	青年旅馆设计 作业展示评图
	4 月 25 日	第三届“学院中的学院”邀请展
	4 月 30 日—5 月 15 日	城市 / 空间 / 结构——溧阳路社区图书馆建筑设计（2012 级复合型创新人才实验班）
	5 月 11 日—14 日	同济大学光环境实验室 2015 国际光年系列活动：国际光年全球实验室开放日（IYL-Global Open Lab Days）——同济大学光环境实验室向公众全面开放
	5 月 11 日—23 日	同济大学光环境实验室“2015 国际光年”系列活动：光环境研究与设计团队十五年探索与创新实践成果展示
	5 月 20 日	冯纪忠先生百年诞辰纪念系列活动
	5 月 23 日	同济大学光环境实验室“2015 国际光年”系列活动：“Let’s be your light” 2013 级建筑学专业建筑物理光环境光影构成作业评审展示
	6 月 7 日—14 日	2015 明远奖学金资助成果交流展
	6 月 28 日	公开评图暨作业展览 2013 级平行实验班：大场地 & 小建筑
	7 月 22 日	基于结构性能的机器人建造

中日结构建筑学设计展

Archi-neering Design (A.N.D) Exhibition

主旨与构想

结构与空间、形态的关系是建筑学的基本问题。结构技术的变化是建筑形式更迭发展的动力之一。纵览人类建筑的历史，无论在西方还是在东方，建筑形式与结构的关系一直以丰富多彩的方式演绎着各自不同文化的物质呈现特征。而进入二十世纪以来，一系列现、当代建筑的经典作品也在建筑师和结构工程师的紧密合作中被创造出来。

工程技术学科的独立使建造活动走向科学时代，钢和钢筋混凝土框架结构体系的发明又将建筑学引入了新的发展进程，建筑与结构的分离与弥合因此也成为现代建筑学的核心议题。回望三十多年，中国建筑的发展举世瞩目，但也因建筑实践和建筑教育中一些过于狭隘的建筑学观念和过于僵化的分工形式阻碍了建筑与结构学科和行业间的积极合作，抑制了建筑师和结构工程师的创造力。从另一方面，在当代数字化和新材料技术不断发展的时代，在“表皮建筑学”和“奇观社会”的现象日益普遍的状况下，怎样重新思考结构与建筑学的深层关系，结构在建筑设计思维中的作用方式将会如何，也是学科必然面临的新挑战。

基于这样的思考，我们组织举办这一次中日建筑-结构设计学术研讨、展览和教学活动。我们邀请了中日双方有成就有影响的，建筑学和结构工程两个领域的专家学者，以“结构建筑学”概念的提出，以跨学科的交流方式，探讨建筑设计和结构设计更加深入合作的途径和方法，探讨新的技术时代建筑学的可能性，促进建筑和结构教育的新思维，推动当代中国建筑整体水平的进一步发展。

展览信息

时间 / 2014 年 10 月 17 日 — 11 月 28 日 9:00-17:00

地点 / 同济大学建筑与城规学院 C 楼地下展厅

中日“结构建筑学 Archi-neering Design”学术研讨会于 10 月 17 日在同济大学成功举办，同日，Archi-neering Design 展也正式开幕。

展览的内容是由日本建筑学会提供的百余个世界建筑著名案例的建筑结构模型，也有部分同济大学建筑系建筑学同学制作的模型，同济大学土木工程学院提供的模型以及大舍建筑事务所提供的作品模型。展览力图以全方位的视角展示技术的发展与特点，既有当代建筑和巨型建筑的案例，也包括古代建筑和小型结构的经典之作，展现建筑-结构的历史、二十世纪的建筑与技术、形式与技术的互动、空间结构的多样性、城市与环境等多方面的内容。

主办

日本建筑学会

同济大学

上海建筑学会

承办

同济大学建筑与城市规划学院

同济大学土木工程学院

协办

同济大学建筑设计研究院（集团）有限公司

上海同济城市规划设计研究院

同济大学光环境实验室2015国际光年系列活动

国际光年全球实验室开放日

同济大学光环境实验室

向公众全面开放

2015年5月11日—14日

上海四平路1239号

同济大学建筑与城市规划学院

文远楼115室

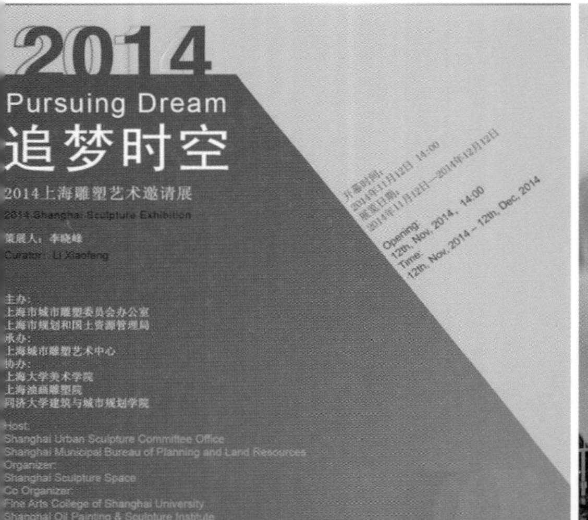

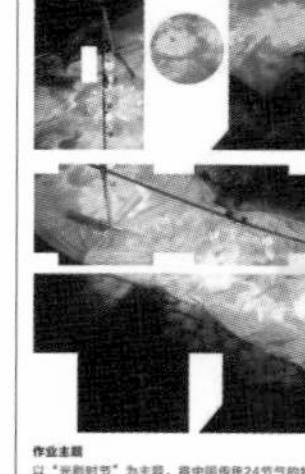

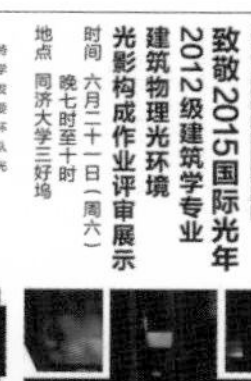
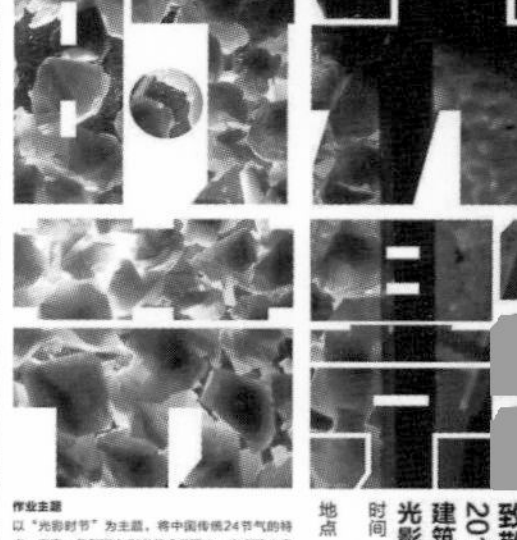

光影时节

致敬2015国际光年
2012级建筑学专业
建筑物理光环境
光影构成作业评审展示

时间 六月二十一日（周六）
晚七时至十时
地点 同济大学三好坞

王克良水彩画展

唯美·惊艳·狂野
从抽象多色到抽象少色

凌云社区图书馆设计

同济大学2013级平行实验班春季课程
同济大学周边某创意中心与附属SOHO设计

大场地&小建筑

公开评图
2015年6月28日
10：00~17：00

作业展览
2015年6月28日
~2015年7月8日

地点
上海同济规划设计研究院1楼

特邀嘉宾
卜冰 集合设计主持建筑师
杨明 华东建筑设计研究院副总建筑师
刘晓都 都市实践建筑事务所主持建筑师
耿慧志 同济大学建筑与城市规划学院教授

学院中的学院

第三届“学院中的学院”邀请展

开幕时间：2015.4.25 16:00 展览时间：2015.4.25 – 5.15
地点：上海长宁区金珠路111号（上海油画雕塑院美术馆）

讲座：

同济大学光环境实验室2015国际光年系列活动

光环境研究与设计团队
十五年探索与创新实践成果展示

时间：2015年5月11日—23日
地点：同济大学建筑与城市规划学院B楼一层评图大厅

时间：2015.4.23 星期四 下午1:30
地点：D楼 401 402 403室
特邀嘉宾：
汤里平 中国城市建设研究院城乡文化遗产研究中心副主任 研究员
张 阳 SOM项目经理 美国注册建筑师
张 项 东联时代建筑设计院 院长 建筑师
李 牧 巴马丹拿集团国际有限公司 高级助理董事
俞 泳 同济大学建筑系 副教授
金云峰 同济大学景观学系 教授
姚海蓉 华东建筑设计研究院有限公司规划建筑院 副总建筑师 教授级高工
韩 锋 同济大学景观学系 教授 博导

（以上按姓氏笔画排序）

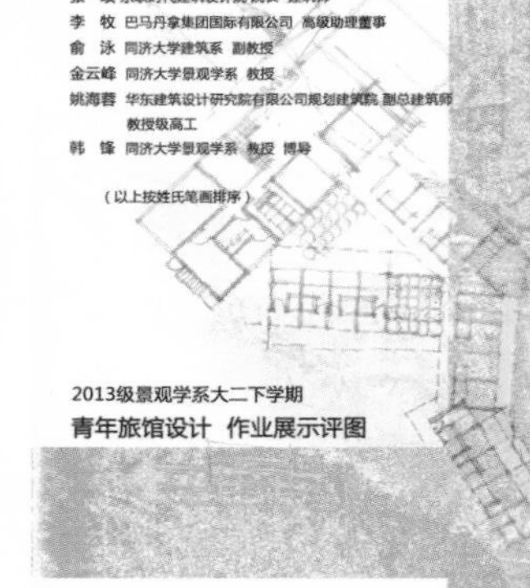

2013级景观学系大二下学期
青年旅馆设计 作业展示评图

欢迎学院老师前来指导

EPILOGUE

后记

同济大学建筑与城市规划学院建筑系始终保持兼容并蓄的学术风格和多元多样的人文氛围，理性务实的专业态度和开拓进取的创新精神，以及立足本土的国际化视野，形成结合国情、联系国际、应对社会的独特教学体系和培养特色，并一直保持着向前发展的态势。

本书是建筑系首次系统和全面地对年度的本科和研究生教学的体系、学术研究与专业和社会实践成果进行整理和总结，其中既有宏观的全局资料，又有微观的典型资料；既有原始的文献资料，又有数据统计资料，我们希望能够藉此反映建筑系在建筑学专业教育领域的思考与探索，也为未来的发展提供回溯和参考。

本书在有限的时间里从策划到出版，很多人付出了辛勤的劳动，我们对参与本书的所有工作人员表示由衷的感谢。感谢建筑系的全体教师对资料收集和整理做出的贡献，感谢《时代建筑》编辑团队和原作设计工作室的辛勤劳动。

因为年鉴的时效性原因，资料收集和统计上难免有疏漏之处，诚请包涵。

同济大学建筑与城市规划学院建筑系

2015 年 10 月

图书在版编目（CIP）数据

同济建筑教育年鉴 . 2014 ~ 2015 / 同济大学建筑与城市规划学院建筑系编著 . -- 上海：同济大学出版社 ,2015.12

ISBN 978-7-5608-6081-7

Ⅰ . ①同… Ⅱ . ①同… Ⅲ . ①同济大学－建筑学－教育学－2014 ~ 2015 －年鉴 Ⅳ . ① TU-4

中国版本图书馆 CIP 数据核字 (2015) 第 281862 号

同济建筑教育年鉴 2014—2015

DEPARTMENT OF ARCHITECTURE, CAUP, TONGJI UNIVERSITY

同济大学建筑与城市规划学院建筑系 编著

出 品 人：支文军
责任编辑：江　岱
助理编辑：袁佳麟
责任校对：张德胜
版式设计：顾金华　王小龙
出版发行：同济大学出版社（上海四平路 1239 号 邮编：200092 电话：021-65985622）
经　　销：全国各地新华书店
印　　刷：上海安兴汇东纸业有限公司
开　　本：787mm ×1092mm　1/16
印　　张：15.25
字　　数：305 000
版　　次：2015 年 12 月第 1 次版　2016 年 1 月第 2 次印刷
书　　号：ISBN978-7-5608-6081-7
定　　价：150.00 元